林一峰

Coffee

&

Whisky

咖啡威士忌大師課

從製程、風味、調飲到餐搭，
烘豆冠軍與執杯大師對談 10 講

林一峰 Steven LIN　陳志煌 James CHEN　合著

CONTENTS

目錄

TOPIC 3
台灣威士忌與台灣咖啡

TOPIC 4
威士忌 & 咖啡的花香調

TOPIC 5
威士忌 & 咖啡的特殊風味

TOPIC 6
威士忌 & 咖啡的苦味來源

TOPIC 7
咖啡萃取與威士忌品飲

TOPIC 8
飲品與品飲的巫術

TOPIC 9
咖啡結合威士忌的調飲設計

TOPIC 10
威士忌餐搭 & 咖啡餐搭美學

作者序

咖 啡、威士忌、白蘭地、葡萄酒這些來自某塊土地的作物，經過人們累積自生活的經驗和想法，收成並透過再製，不管是烘焙、發酵或是蒸餾，賦予作物全新的生命，解放它們的香氣，昇華它們的風味，透過氣味和人們的五感對話，並且在人類歷史文化的長流中，留下濃墨重彩的一筆。一直以來，我深深著迷於這些風味的魔法、氣味的神話、味道的探險，而且我覺得隱隱然這些美好事物的背後有個重大的秘密，有一條絲線將這些事物串在一起，彷彿它們有著相同存在的本質，只是面對人間時的表現形式不同而已，事實上，殊途同歸。

非常開心這次書寫咖啡與威士忌對話的合作夥伴是James，為了這本書，我們定期約在他的咖啡館見面，每星期見面的日子都讓人期待彼此的對話碰撞出意料之外的火花，或許，咖啡與威士忌的碰撞不只是美酒加咖啡，更多的是生活的美學，生命的哲學。那些建構在飲品之上氣味的芬芳，是虛無的；那些入口滑過舌蕾和喉道的液體，是真實不虛的，換言之，我們必須同時跨過實虛兩界的鍛鍊，才能建立屬於自己感官的美感價值，如此，誰說認真喝咖啡、認真喝酒不啻是種自我的修行呢！

蘇格蘭執杯大師（Master Keeper of the Quaich）

林一峰 Steven LIN

威士忌迷與咖啡迷的重疊性之高絕對超乎你想像！喜歡咖啡的人通常也會愛上威士忌，反之亦然。

我自己是徹頭徹尾的咖啡迷，即使身為咖啡烘豆職人二十幾年，我每天早上起床後第一件事是沖煮一杯咖啡，做為開啟一天的儀式。到了夜晚就是屬於威士忌的時間，我會在夜深人靜的時候，靜靜地品飲威士忌，讓杯中散發的千香百味帶著心靈奔馳，讓神秘又美好的杯中風味撫慰一天工作的疲憊。

咖啡與威士忌註定是完美搭配，一個屬於白天、一個是夜晚良伴；咖啡醒神，威士忌鬆弛，兩者都是這麼地迷人，背後都有說不完的故事！這是咖啡與威士忌史無前例的跨界對談、激盪以及聯手合作，適合以下三種人閱讀：

1 對咖啡有興趣者

2 對威士忌有興趣者

3 追求品味生活，尚未開始接觸咖啡與威士忌者

這本書集結了我與Steven數十年在各自領域的經驗精華，一定可以為你帶來很多收穫，更重要的是，希望帶給你充滿咖啡香與威士忌微醺的美好生活！

2013年北歐盃（Nordic Barista Cup）咖啡烘焙大賽冠軍

陳志煌 James CHEN

COFFEE×WHISKY

FORWORD

從咖啡看威士忌，
威士忌看咖啡

ST

酒吧裡的咖啡愛好者

威士忌執杯大師
Master Keeper of the Quaich
林一峰　Steven LIN

———

因為村上春樹的小說，讀大學時開了人生第一間酒吧，從此迷戀威士忌數十年樂此不疲的男人，現為「小後苑」、「後院」經營者，是「威士忌達人學院」創辦人，擁有一個專聊威士忌的YouTube頻道──「執杯大叔林一峰」，亦是長年研究雪茄與葡萄酒的專家、易經和瑜伽老師，堪稱全台灣斜槓身份最多的威士忌權威。Steven熱愛電影、藝術，對於生命的想法和敏銳觀察融合成他描述威士忌的獨有語彙，希望威咖們享受「生活在威士忌」。

EVEN

威士忌執杯大師的咖啡視角

　　我讀大學時就開了家咖啡館，30年前的人們覺得喝咖啡是種時髦玩意兒的時候，我就站在吧台後面，用當時流行的 Syphon 一杯接著一杯烹煮著咖啡，那時喜歡濃郁口味的人都喝曼特寧，中度口味的喝巴西，想要介於中間的口感喝曼巴，最昂貴的咖啡叫做藍山。隔沒幾年，突然間流行起義式咖啡，一群外商公司的上班族，時興在中午用餐結束前，點杯雙份的義式濃縮咖啡，豪邁地一口飲盡，像是為人生下半場加油打氣般的心情，而喝不慣濃縮咖啡的人，就喝那有著美麗拉花的拿鐵咖啡。

　　或許義式咖啡顯得平易近人，沒像 Syphon 咖啡館總是聚集一批裝懂的老饕說三道四，似乎難接地氣；突然間，星巴克進駐台灣，各式連鎖咖啡店爆增，連便利商店都提供起現磨咖啡的服務了。以前在咖啡館喝杯咖啡算是有閒階級的享受，當大眾化和平價化之後，似乎成了許多人每天生活的一部分。農產品不會只有單一價格和單一品質，咖啡、威士忌、葡萄酒都一樣，當咖啡的分類越來越成熟，有了滿足大眾平常飲用的咖啡，當然也會有滿足少數挑剔者的精品咖啡。新的一波咖啡潮流興起，人們開始傾向透過履歷深入了解產地種植的階段會如何影響咖啡風味。

　　「單品咖啡」、「單一莊園」、「單一產區」就像是威士忌中的單一麥芽威士忌或單一桶原桶強度威士忌，買家可以看到標籤上寫著咖啡種植的區域、特定產區或莊園的名稱。喝咖啡的同時可以追溯源頭，確切知道咖啡的來源，而這樣的標示多半顯示這些單品是更高品質的咖啡，從特定莊園生產的履歷進一步了解這些咖啡風味呈現該有的原貌，以及特定區域種植的特性。

運氣很好的我們，目前仍然可以在街上找到堅持用Syphon煮咖啡的特色咖啡館。更不用說四處可見的連鎖咖啡店和便利商店都能買到一定水準之上的現磨咖啡。當然那些給行家尋幽探勝的精品咖啡館，只要付得起，世界冠軍的瑰夏咖啡或許也有機會一親芳澤。

期待咖啡和威士忌如何共譜樂章？

威士忌和咖啡該有什麼樣的火花？在80年前，「愛爾蘭咖啡」這款威士忌加咖啡的雞尾酒就被發明出來了，美麗的空姐和Bartender之間的浪漫邂逅也跟著這杯愛爾蘭咖啡傳唱幾十年。那時人們對於咖啡的觀念和威士忌的理解，都遠遠比不上現在的我們，數十年前的經典值得紀念，不過，飲食文化的美好應是與時俱進的，我們或許應該創作出屬於這時代獨到的經典樣貌，記錄這個時代的精彩，讓下一個世代傳唱下去。

咖啡館裡的資深威咖

2013 年北歐盃（Nordic Barista Cup） 咖啡烘焙大賽冠軍 陳志煌 James CHEN

———

曾經是自學烘豆的業餘玩家，在網路尚需撥接的年代，James率先在網上分享各種烘豆實驗方法和數據，沒想到竟成了日後的專業和日常生活，並創辦了Fika Fika Cafe。他熱愛咖啡烘焙數十年如一日，擅長注重烘焙曲線與氣流的「北歐式烘焙法」，希望讓每位品飲者探索全新且深刻的味覺體驗。然而，咖啡只是一個起點，自此跨足延伸到同樣令他傾心的料理和威士忌領域，透過自己的「咖啡實驗廚房」，熱衷研究將咖啡的各種樣態融入Fine Dining，積極推廣Coffee Pairing美學。

JAME

S

烘豆冠軍的威士忌視角

　　我自詡是個「風味饕客」，深深著迷於各種展現出豐富美好風味的事物，例如咖啡、美食，當然其中不可不提的是威士忌。我是在2013年得到北歐盃咖啡烘焙大賽冠軍之後才開始迷上威士忌，當初是一支人們再三警告「勿輕易嘗試」的拉弗格10年重泥煤威士忌讓我無可救藥地愛上、並且墜入威士忌的深淵。哇噻，怎麼可以在如此小杯的飲料裡品飲到極為豐富的味道!? 從嗅覺的衝擊，到口中香氣逐漸開展的各種氣味，我彷彿打開潘朵拉的盒子，開始瘋狂地學習與追逐關於威士忌的一切，短短10年之間，家裡威士忌數量已超過500支，隨時保持近200支已開瓶狀態的威士忌以便隨時複習品嚐；我愛威士忌裡豐富多變的風味，每當遇到一支令我驚艷的威士忌時，還可以將它長期保留下來，並在適當時機與身邊好友同好一起分享。拜高酒精度之賜，威士忌幾乎可以永久保存，它是風味的標本，記錄著酒廠精神、當時調酒師的工藝、甚至是挑桶選桶者（如果是獨立裝瓶廠）的品味與想法，靜靜待在瓶子裡，等你在良辰吉時打開瓶塞倒出來，釋放香氣的精靈。

　　以咖啡烘豆師的立場來看威士忌，我只能說充滿羨慕，我欣羨威士忌的保存性。以咖啡來說，即使今天遇到驚為天人、史上最佳的咖啡豆，從生豆品質到烘焙都做得無比完美，我也沒有辦法將這個美味永久保存下來。咖啡豆的生命從它烘焙好開始倒數計時，至今仍沒有辦法將某批咖啡豆的風貌完美地長久保存，更不可能留待生命中某個重要時刻再打開品嚐。咖啡就像彩虹，是一閃即逝的美好，除了趁新鮮享用完畢之外別無他法。長期儲存咖啡必定走味，也因為咖啡豆是農產品，受到風土、氣候的影響，即使是同一款咖啡豆，每年、每批次的味道都不會一模一樣，好咖啡難以重現，只能不斷開創新的味覺經驗。

期待咖啡和威士忌如何共譜樂章？

　　以咖啡職人的視角看來，咖啡與威士忌在很多方面還是非常相似，兩者都是風味的載體，承載著千香百味，兩者都是大自然與人的共同創作，都具有魅惑、神秘的吸引力，廣泛受到全世界人們的喜愛。與Steven認識多年，他除了是人們熟知的威士忌達人，同時也鑽研古老智慧—易經、印度瑜伽與各式葡萄酒，所以Steven看待與解讀威士忌的角度比一般人更深也更廣，我在他身上看見威士忌不受拘束的各種可能性。我發現喜愛咖啡的朋友裡，有很高的比例也對威士忌充滿好奇，甚至本身早已是威士忌迷！既然咖啡與威士忌同為地球上最有魅力的飲品，是否可以用不同視角將兩種飲品做更深度的探討？是否可以「威咖聯手」創造出另一個迷人世界？我與Steven都認為答案是肯定的！

——

咖啡與威士忌的核心精神

大自然的先天味道＋人為的味道，決定了咖啡風味

JAMES：咖啡基本上就是農產品，咖啡的風味來自於「大自然的先天味道」加上「人為的味道」。「大自然的先天味道」包括咖啡豆品種、栽植環境的土壤、氣候、向陽背陽…等種種因素帶來的「風土味」，也就是法國人說的Terroir。「雙重人為的味道」包括咖啡摘採後的去果皮果肉程序，例如日曬法、水洗法或是蜜處理，還有最重要的「烘焙」以及最末端的「沖煮」，每個環節都會大幅影響咖啡最終呈現出來的風味，這點和威士忌有很大的不同。通常威士忌從桶子裡倒出來裝瓶後，它的味道幾乎已經定調，後續再依品飲者的需求加冰或加水品飲，甚至直接純飲，可是咖啡的變因比較多，我們（咖啡業者）拿到豆子以後，它的味道才剛要開始被喚醒。像我是烘豆師，拿到來自產地的咖啡生豆後，可以像捏黏土一樣，把它揉成我想要的「味道形狀」，然後把烘好的豆子交給門市、交給咖啡師（Barista），咖啡師也會按照他的想法，把它再稍微塑形一次、捏成希望呈現給顧客品飲的形狀，經過「雙重人為」後才是消費者最終喝到的咖啡味道，這點跟威士忌有很大的區別。

近年來，又多了一個人為影響咖啡味道的環節，就是所謂「加進去的味道」，這部分我覺得可能是從威士忌學來的。現在有些咖啡生產商會把生豆放在酒桶裡一段時間，桶子裡的酒香就會進到生豆裡，再把這些有酒香的咖啡豆拿來烘焙，因此除了咖啡原始的味道之外，會再多了些人為的味道。這種做法一開始在咖啡界也被視為邪門歪道，可是現在越來越常見了，這點跟威士忌很像，有時新的做法起初不那麼被大眾接受，但後來如同雨後春筍般，逐漸變成一種新的風格、新的常態。

STEVEN：聽起來，烘豆師和咖啡師都屬於咖啡領域的「創作者」，在威士忌領域裡最重要的創作者應該算是首席調酒師，在威士忌前段蒸餾的過程，他們先決定用什麼樣的方式讓穀類變成酒，像是發酵長短、蒸餾快慢、蒸餾器長相、酒心切點…，再放進橡木桶熟成，決定桶型、尺寸、以何種酒潤桶，桶陳時間多長…等，一切由首席調酒師決定調配出什麼樣風格的威士忌。

製酒者會從各種可能性當中找到自己想表現的手段跟技術，而威士忌風格表現的方式主要在於蒸餾。在製造威士忌的工序中，發酵的製程是「製造出味道」，而蒸餾的過程是「找到自己想要的味道」，調酒師確認「想要的味道」這個動作就是取酒心。蒸餾一開始出現的酒液，會從小分子的酒液先蒸出來，到最後是分子比較大的酒液。我們最喜歡的花香調多半是一開始就蒸餾出來的，而泥煤炭味或是皮革的味道，甚至大家不喜歡的橡膠味道，都是蒸餾到後段才出現。

由於花香跟果香出現在比較前段的部分，所以絕大多數蘇格蘭威士忌的酒心都取在前段。剛蒸餾出來最前段酒液是一般威士忌酒廠所不要的，這部分稱為「酒頭」，因為剛蒸餾出來的味道可能有點過分的駁雜，甚至帶有些甲醛，那段

酒液是不取的。一開始出來的酒頭酒精濃度大約74度，5分鐘後就開始取酒心，幾個小時的蒸餾再扣除前面5分鐘不要的酒頭，酒心可能從72度一路取到62度，62度之後蒸餾出來的酒液就稱為「酒尾」，剛取的酒心稱為麥芽新酒（New Make），把新酒灌進橡木桶中熟成至少3年，就成了威士忌。但是酒頭和酒尾不會被丟掉，它只是非製酒者想擷取的味道而已，還是很珍貴的成本，酒廠工作人員會把酒頭和酒尾蒐集起來，跟下次要蒸餾的酒液混合在一起，再度蒸餾，取酒心後又把酒頭和酒尾蒐集起來，等待下一次的蒸餾，持續重複同樣工序，一點也不浪費。

首席調酒師取酒心的位置決定了威士忌主軸風味

簡而言之，酒心位置決定了威士忌陳放橡木桶前的主軸風味，我喝過一支很特別的威士忌新酒，它強調酒心選取了水蜜桃的味道，我試那支酒的時候，前段果然有水蜜桃般的果香味，很清楚，後段竟有像茴香般的辛香料味，一般來說，辛香料味比較容易出現在蒸餾的後段。不過，因為它的蒸餾器非常小，所以出酒速度比較快，因此有機會在取酒心時就先取得如此有趣且複雜的味道。

我之前拜訪過一家瑞典的威士忌蒸餾廠，它是一家小酒廠，同時生產有泥煤味和沒有泥煤味的威士忌，不過它們的泥煤味沒有那麼多癒創木酚的味道，嚴格來說更像是煙燻味。它們針對新酒各自取了兩種不同的酒心，酒心取的比較前段的新酒沒有泥煤味，但有泥煤味的新酒，酒心就取的比較後面，同時取的比較寬。相對來說，泥煤味的新酒風味厚實且複雜，更寬的酒心也容納更多不同的酚類，而泥煤炭的氣味會在後段蒸餾過程中出現多一

些，複雜的新酒在橡木桶熟成過程中會產生更多層次。所以酒心要選擇乾淨優雅？還是厚實複雜？那一刻就決定了一支威士忌的本質風味了。

我聽James描述烘豆師、咖啡師的時候，我想或許這與威士忌的蒸餾過程有著異曲同工之妙，不過一般消費者不太容易接觸到蒸餾製程或是取酒心這塊，大多數人聊的都是橡木桶，就如同大部分咖啡品飲者都在講沖泡，能實際接觸到烘焙這個工序的機會是比較少的。●

專業烘豆師與首席調酒師如何創作風味

J AMES：沒錯，其實這一塊才是真正影響最大的地方。我常常把咖啡生豆比喻為「樂譜」，把烘焙比喻為「演奏」，一個樂譜交給不同個性的演奏家（烘豆師）就可以呈現出截然不同的風格。即便是同一首旋律，可以演奏成動感奔放的舞曲、也可以演奏成緩慢的舒眠音樂，完全取決於演奏家本身。

　　烘豆師拿到一支咖啡生豆之後，通常會先「定調」，也就是決定如何詮釋與呈現這款咖啡豆的面貌，通常包括烘焙度、烘焙節奏（大火快炒或慢火緩焙）、烘焙風味與產區風味的平衡與拿捏⋯等。例如同一款巴西日曬處理咖啡豆，優秀的烘豆師可以控制烘焙節奏，來決定要讓消費者品飲時感受到奶油核果風味、酸香熱帶水果味，又或是低沉濃郁的黑巧克力風味⋯等。在此分享一個很重要的觀念，購買咖啡豆時，與其挑選你喜愛的產地或莊園，不如挑選烘豆師。找到一位符合你口味喜好、深受你信賴的烘豆師，絕對比挑選咖啡豆的莊園產區更重要！因為咖啡豆是農產品，即使是著名莊園每年產出的咖啡風味也不會完全相同，而且終究是由烘豆師決定想讓品飲者喝到的風味樣態。

S TEVEN：人的因素真的很重要！我自己最早開始跟大家分享威士忌時，曾經說過蘇格蘭有超過上百家酒廠，其中許多家都有超過百年的傳承歷史，所以想認識一家酒廠真正的精神，不是先問酒廠使用什麼橡木桶，為什麼呢？你想想波本桶來自於哪裡？是美國，蘇格蘭人怎麼會以使用美國人的橡木桶為傲呢？雪莉桶來自哪裡？是西班牙，他們怎麼會以使用來自西班牙的橡木桶為傲呢？蘇格蘭人引以為傲的是這塊土地所生產的麥芽威士忌，其中蘊養著蘇格蘭人的精神，他們選取的酒心才是每家酒廠獨一無二的品味，而不是消費

者在意的橡木桶。在蘇格蘭，每家酒廠的發酵時間不一樣、蒸餾時間不一樣、蒸餾器長相不一樣、林恩臂的斜度不一樣、冷凝方法不同，取的酒心大異其趣，那些蒸餾技法和特色風味，才是每一家酒廠堅持下來的百年傳承，那一滴滴湍湍流出的麥芽新酒，才是生命之水最精粹的底蘊。

在台灣的威士忌也一樣，像噶瑪蘭酒廠創廠時，就聘請了蘇格蘭製酒大師Jim Swan 來協助他們酒廠設定好第一次蒸餾的新酒，大師協助他們決定完整的蒸餾製程，以及確認酒心選取的位置，才決定了噶瑪蘭的酒廠精神和風味的定調，這些設定都是成功的關鍵、得獎的秘密，不能隨便亂改的啊，因為酒心取的位置不同，差之毫釐繆以千里。只是一般消費者不能理解取酒心這麼重要，就像喝咖啡的人並不了解掌握烘焙曲線的重要性。上次我去印度拜訪威士忌酒廠，印度雅沐特威士忌的首席調酒師就花了好多時間跟我談他如何選取酒心，當他決定酒心的風味時，其實就反應出印度人的飲食文化、品味的獨特性，所以為什麼很多威士忌愛好者喝印度威士忌時都覺得蘊含了辛香料和咖哩味，這些味道或許不全然來自橡木桶，因為全世界威士忌產業用的橡木桶都差不多，酒心才真正決定了酒廠精神！●

JAMES：在咖啡領域裡，我們也可以說烘焙廠（或烘豆師）的性格與品味決定了一個咖啡品牌的主軸味道。我常常開玩笑說「見豆如見人」，這裡的「見」是品嚐的意思，我們可以透過品嚐咖啡來猜測烘焙它的人（烘豆師）是什麼樣的性格。通常個性張揚奔放的烘豆師烘焙出來的咖啡風味動態強烈，味道有稜有角、口感分明，個性溫和低調的烘豆師烘焙出來的咖啡風味溫和，沒有銳利稜角、口感圓潤。其實不只性格，烘豆師的人生閱歷也影響他烘焙出來的咖啡！我曾造訪過美國西雅圖一家咖啡烘焙廠 Caffè D'Arte，它的名字是義大利文，直譯是 Coffee of art 藝術咖啡，他們的咖啡真的很

藝術，喝起來跟大家都不一樣，有一股濃郁龐雜的木質薰香味道，這是因為Caffè D'Arte的義裔創辦人兼首席烘豆師Mauro Cipolla的兒時玩伴是一家義大利老式咖啡烘焙廠的子孫，這家老烘焙廠沒有瓦斯，只用木柴當作燃料來烘焙咖啡豆，Mauro Cipolla在耳濡目染之下，把古老的柴燒烘焙法帶到美國，如今在義大利已經很罕見的柴燒咖啡，卻可以在美國西雅圖喝得到，每一口都是鮮明的「烘焙廠性格」啊！所以我要再強調一次，咖啡饕客與其挑選咖啡產區、莊園、品種，不如挑選烘焙廠、烘焙師，就像你去高級餐廳時，應該挑選的是主廚而不是食材，是完全相同的道理。

優秀咖啡烘焙廠出品的咖啡豆具有「可辨識性」，這就是「烘焙廠性格」。以Fika Fika Cafe為例，極淺焙咖啡豆香氣鮮明有層次，甜度與口感卻如同中焙般豐厚，中焙咖啡有股焦糖、麥芽香氣，深焙咖啡不苦而薰香甘甜，這就是「烘焙廠性格」。但並不是所有咖啡烘焙廠（或烘豆師）都有烘焙廠性格。透過品飲來認識一個咖啡品牌背後的精神與品味，是極為有趣的事呀！◟

威士忌和咖啡裡蘊含的「人味」

STEVEN：我曾去過蘇格蘭最北方的島嶼—奧克尼島，島上有三分之一的人口仍擁有北方維京人的血統，那年拜訪高原騎士酒廠時，見到協助導覽的全球品牌大使——馬丁，他曾是位拳擊手，還拿過幾屆全國冠軍，身上有些刺青，臉上彷彿餘留一些過去運動員時期留下的疤痕，身材粗壯的他，手臂寬度竟是我的兩倍粗，看起來孔武有力，但是說話卻非常溫柔，他就是我心目中高原騎士威士忌風味的最佳形象。

很多人會覺得奧克尼島處於蘇格蘭最寒冷的北方，高原騎士威士忌想必有著最冷冽的氣味吧？其實不然，因為墨西哥灣流的經過，那裡的氣溫比蘇格蘭本島的高地區有更高的均溫和更小的溫差，以致於熟成出來的威士忌風味不像高地區那麼強烈，是相對溫柔的味道。也因為奧克尼島溫差小，所以Angel's Share比較少，比本島更低，蘇格蘭其他地區平均是2%，而奧克尼島低於2%，大概零點幾%而已，這是因為威士忌儲存的環境溫度越高，Angel's Share越高；如果儲存環境溫差越大，Angel's Share也越高。

除了氣候賦予酒液的溫柔感，還納入了人的性格，才正式形成現在的高原騎士風格。當地北方的維京人天生具有驍勇善戰的性格，他們用石楠木沉積下來的泥煤炭，做出帶有篝火氣味的強悍威士忌，結合方才提到的氣候條件熟成，使得高原騎士化為溫柔氣質的猛男。威士忌的風格會真實反應一個地區的土壤特色、住民文化和氣候環境，而人的品味則決定威士忌最後要長成什麼樣子。就像威士忌裝瓶前的最終調配，得經過首席調酒師之手，人對事物價值的看法和品味也被加了進去。

其實30年前我剛開始喝蘇格蘭威士忌的時候，那時沒有什麼人研究酒廠的首席調酒師是誰，是這些年大家才比較認知到調酒師的重要性，有一些耳熟能詳的名字都可以唸得出來，像是格蘭傑的比爾博士、大摩的理察派特森，之前山崎的輿水精一先生、皇家禮炮的山蒂希士羅…等，就像我們喝咖啡要認Fika Fika Cafe的James是一樣的，哈～●

JAMES：這也是我想講的，以往喝咖啡的消費者沒有人認烘豆師。就跟幾十年前大家喝威士忌不會認酒廠裡的首席調酒師一樣。我認識一些不同風格的烘豆師，喝他們烘焙出來的咖啡就如同見到他本人，每個人的個性

都彰顯在自己烘的咖啡裡，非常有趣，我自己也是如此。

　　有時候烘焙出來的作品真的很滿意，我就會想保留那批豆子，之後找機會再次沖泡品嚐。像我個人有個習慣，會把咖啡豆低溫冷凍「存檔」，多年後翻出來回味，雖然冷凍多年的咖啡一般會有「木乃伊效應」，必須搶時間快速品嚐，否則解凍之後很快就變味了，但還是能從以前烘豆的味道發現和現在的自己有很大差異。我早期烘焙咖啡豆時趨向把香氣最大化，想要驚豔別人，所以習慣把香氣做得很明顯、很強烈、很外放。但隨著年紀增長和思維方式改變，烘焙方式也逐漸調整，現在的我講究品飲感受是自然、舒服的，包含口感、觸覺、氣味的層次與變化，以及喝完咖啡後帶來的餘韻，所以不再把咖啡烘焙做得有稜有角，或是把某個東西刻意最大化，整體的平衡和諧對現階段的我來說才是比較重要的。所以，烘豆師或調酒師的心境是什麼樣的，做出來的東西就會呈現那個風格。◍

　　STEVEN：這點我完全同意，我覺得首席調酒師跟烘豆師都一樣會把自己生命的哲學放進作品當中。就像我認識格蘭傑的首席調酒師比爾博士，他是位天馬行空的人，因此威士忌創作裡面充滿各種繆思，甚至有一款作品，他希望製作的威士忌能出現他年輕時喜愛的藍山咖啡的味道。為此他思考用不同工序來達成目的，當時的他選用重度烘焙的麥芽，完成近似咖啡般的口感，透過緩慢蒸餾，讓蒸餾時僅僅曇花一現的咖啡香，順利在酒心選取中被切割出來，最後還在橡木桶熟成中找到能和酒心相輔相成的珍貴氣味。那支稱之為「稀印」的單一麥芽威士忌作品，就是為了滿足首席調酒師年少時對於藍山咖啡的想像而被創造出來的。

　　說到威士忌裡的咖啡味，麥卡倫的阿拉比卡也有類似味道，但麥卡倫那支

不是透過工序改變，而是與咖啡專家特別合作，他們希望在調配過程中找到咖啡風味的感覺，但比爾博士的「稀印」卻是從麥芽烘焙就開始調整變因，是比較無法大量複製的，而且每個批次的產量都很有限。

J AMES：比爾博士的實驗太有趣了，我希望有一天也能在咖啡裡做出近似各種威士忌的感覺！其實我以往曾實驗過，想把自己對威士忌的喜愛用咖啡來詮釋，我試過用印度生產的羅布斯塔品種咖啡做出威士忌的味道。Kappi Royal是全世界最貴的羅布斯塔咖啡豆，以前獻給皇室貴族們喝，雖然是羅布斯塔品種，可是它種在高海拔地區，使用細緻的水洗處理或蜜處理，所以風味比一般羅布斯塔豆更加細緻，我曾經用特殊烘焙與熟成手法，讓這款咖啡豆呈現出類似裸麥威士忌的味道，雖然沒有辦法模擬出大麥威士忌的味道，但能做出有那個感覺但沒有酒精的版本。2018年8月，日本東京米其林二星法餐名廚川手寬康來到我的咖啡烘焙廠，我們聯手做了一場特殊的咖啡餐會，那時我用一個小杯子盛裝特殊烘焙處理過的印度Kappi Royal羅布斯塔咖啡偽裝成裸麥威士忌，然後告訴賓客們這是「咖啡版的裸麥威士忌」但沒有酒精，這樣的嘗試非常有意思，它的氣味和威士忌相當類似，喝過的人都覺得非常有趣！

S TEVEN：我覺得如果想做風味實驗，咖啡烘焙反而更自由，因為不需要等到5年、10年、20年橡木桶的熟成，只要拿到豆子就能開始進行了，直接把現階段的觀念和想法直接落實在烘焙創作上。James你也覺得嗎？

J AMES：的確，與威士忌相比，咖啡最大的優勢是「不用等待」，咖啡不需經過多年的歲月淬鍊，可以直接烘焙創作；但相反地，一旦烘焙好，咖啡就開始倒數計時，賞味期限極其有限，烘焙好的咖啡豆通常只能保存

3～6個月。也因為這個特性，研究烘焙的烘豆師一方面很自由，可以馬上把現階段的觀念和想法落實在烘焙創作上，但另一方面也很辛苦，必須和每個產季不斷變化的農產品相搏，而且即使成功做出理想的創作成果也無法永久保存，美好的咖啡創作只存在很有限的賞味期限裡，之後想要一模一樣地重現風味其實並不容易。

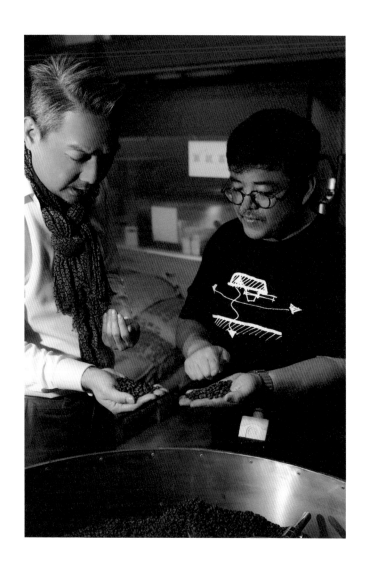

大師跨界對談！
關於咖啡與威士忌10講

Topic 1　風土及製程賦予的獨特味道

#波摩威士忌的皂味　#威士忌帶有蠟味的原因？ #陳年曼特寧的獨特魅力

Topic 2　生豆處理與威士忌用桶

#生豆處理的潛質　#理科腦的烘焙手法

#咖啡豆的熟成，以及看豆烘豆　#威士忌用桶與綜合配方豆很類似？

Topic 3　台灣威士忌與台灣咖啡

#威士忌的濃醇香和雅緻香？#台灣威士忌是果醬系、果汁系？

#大管才香？關於大分子香氣

Topic 4　威士忌＆咖啡的花香調

#發酵和蒸餾過程為威士忌帶來的花香調　#咖啡品種本身的花香調

#利用烘焙手法保留花香　#如何欣賞淺焙咖啡的酸感

1

風土及製程賦予的獨特味道

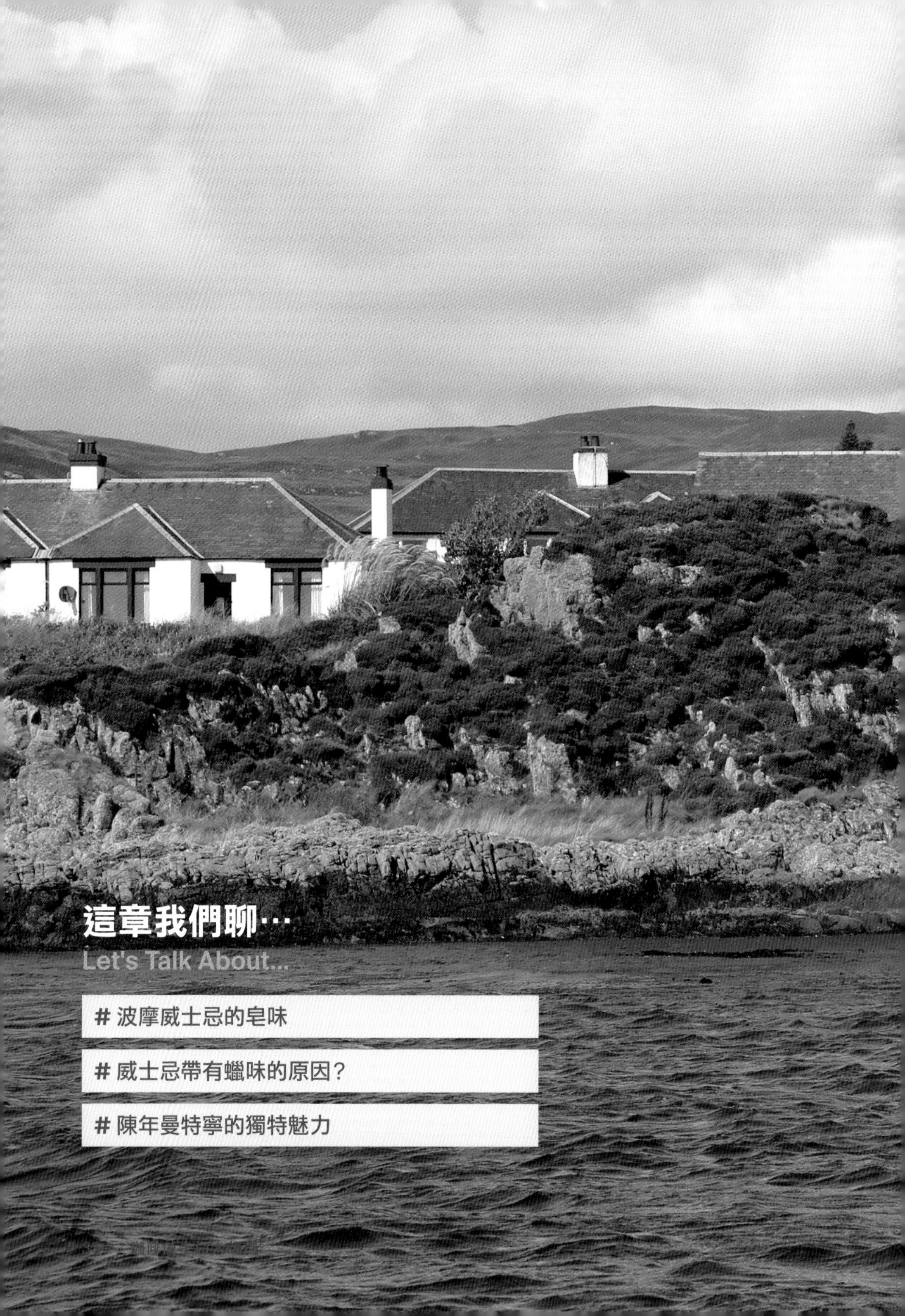

這章我們聊…

Let's Talk About...

波摩威士忌的皂味

威士忌帶有蠟味的原因？

陳年曼特寧的獨特魅力

1.1 因地制宜，風土條件 為飲品帶來的生命力

S TEVEN：製作威士忌時，有時候會出現「不完美的缺點味」，它們來自於當地的風土環境，這些「缺點味」反而賦予酒液別具特色的生命力，而且是無可取代的。像在蘇格蘭島嶼，當地泥煤炭味所代表的海水味、消毒水味都是缺點味，是因為製作威士忌的過程當中，必須讓大麥在水裡自然發芽，再透過烘焙讓麥芽停止生長，這樣的製程會產生出特別的泥煤炭味，但這絕對不是因為蘇格蘭人需要這個味道，而是因地制宜造就出的一種風味。

以前的蘇格蘭人會挖在地的泥煤炭來燻烤，把味道燻進麥芽裡。現在技術好很多了，是用一種類似像滾筒式洗衣機的烘麥機，放進大麥芽，然後直接輸入熱風，就可以把它烘乾了，如此做就不會有任何煙燻味了，所以現在想要泥煤味，還得額外把泥煤炭煙的味道輸入麥芽的烘乾設備，才能得到有泥煤煙燻味的麥芽，或用傳統窯式烘烤的方式慢焙麥芽。以往剛開始喝威士忌的人無法立即接受的泥煤味，沒想到現今竟成了極為寶貴的味道，還必須特製才能得到，看來缺點味其實並不是真的缺點！●

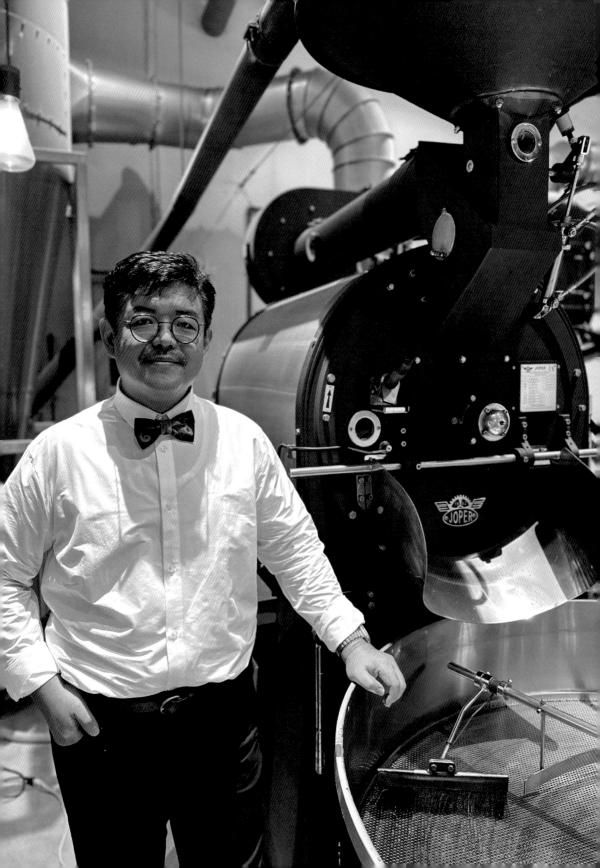

不完美但有生命力的缺點味

JAMES：的確，有時候每個製作環節都控制到非常精密、非常乾淨無暇，做出來的成品反而不是最有趣、最迷人的，整個口感和風味極度工整，喝起來可能比較無聊平淡一點。像以前製作威士忌使用蟲桶冷凝，出現了適當的硫味，讓威士忌風味變得更豐富，像這樣適度增加「可控的缺點味」，有時候反而成為品飲時的絕佳記憶點。其實咖啡也是，有時候烘焙咖啡時的煙燻味，可能因為排煙力道不夠，煙霧來不及在烘焙過程中完全排出，反而 Coating 附著在咖啡豆上，變成能增加風味的物質，形成所謂的「炭燒風味咖啡」。

這讓我想到來自印度的「風漬馬拉巴」，這款豆子因為它非常有趣的「缺點味」而著名。在古早的航海時代，是用帆船海運咖啡生豆，從印度送上船再運到英國…等歐洲國家，英國人再進行烘焙，供應給歐洲市場。原本在印度當地採收的新鮮咖啡生豆是綠色的，綠色生豆放上木製帆船後再航行到歐洲需要6個月之久，咖啡生豆在海上經過長時間的海風吹拂，本來充滿水分的生豆，由綠色逐漸轉成淺黃色，外表變乾且體積膨脹變大，歐洲那邊也已經習慣收到這樣黃黃乾乾的咖啡生豆。鹹鹹海風使得生豆含水率降低，酸性也變得很低，豆子呈現油潤、豐厚的口感。

後來工業革命時期發明了蒸汽機，製造出內燃機，於是動力輪船取代木製帆船運送咖啡豆，輪船跑得很快，兩個多禮拜就到歐洲了，這時候歐洲國家的客戶就跟印度咖啡產地發出嚴重客訴：「現在送來的咖啡豆跟以前不一樣啊，這品質不對！」印度人疑惑地說：「我們出口的咖啡豆都一樣啊！」英國人說：「不對，現在的咖啡豆又酸又不好喝，而且沒有以前的風味了」。印度人

百思不得其解，就跑到英國去看，發現因為輪船跑太快了，豆子還沒經過長時間的海風吹拂，以致於豆子還沒有變黃、變乾，也沒披覆上特殊的海風鹹味，使得英國人收到的生豆不是乾乾黃黃的，而是綠色的咖啡生豆，它的含水率高，故酸性較高，風味自然和之前英國客戶習慣的不同。

聰明的印度人想到一個解決方法，在馬拉巴灣海邊蓋通風倉庫，將新鮮咖啡生豆放在那裡吹海風。在印度，每年會有很強的季風，而且會刮風很長一段時間，印度人就把咖啡豆架在那裡，讓季風充分吹了3、4個月，咖啡豆就會膨脹、含水率下降，咖啡口感回到之前那樣豐厚、帶有「鹹鹹海風」的味道，這個咖啡豆叫做風漬馬拉巴（Monsooned Malabar），此時咖啡豆酸值已經下降到很低了，再次出口運送到英國，歐洲客戶立刻說讚，這就是他們要的味道。若用威士忌來比喻的話，與百樂門BENROMAD15年的馥郁風格相似，風漬馬拉巴是比較Heavy、Oily，屬於油潤龐雜的豆款。

一般來說，咖啡生豆又乾又發黃且味道帶鹹，在傳統上通常認定為「不新鮮」，「味道不乾淨」，應該屬於缺點；但這些「缺點」反而變成風漬馬拉巴的迷人特色。◍

STEVEN：我記得葡萄酒世界裡好像也有這種例子，例如馬德拉酒。馬德拉島在葡萄牙，他們將釀好的葡萄酒運到歐洲其他地方去賣，沒有賣完的酒被運回馬德拉，結果發現在輪船上經過日曬和海水海風洗禮後的葡萄酒變得更好喝了（其實是被曬壞了），但因為大家喜歡這個味道，所以後來都把馬德拉酒拿到太陽下去曬，在日曬過程產生氧化作用，已經氧化過的酒反而不容易壞掉。

在高雄餐旅大學的教授陳千浩老師，他自己做了一支酒，就滿類似剛才說的那種方法，特意選用台灣在地的黑后葡萄製作，取名為「埔桃酒」。黑后這個品種的酸度有點過高，拿來釀一般的 Dry Wine 會太酸，但如果釀的是略帶一點甜味的加烈酒，就會變得很棒。陳老師釀的埔桃酒就是用馬德拉酒的方式，巧妙配合台灣的炎熱氣候，再透過橡木桶陳年，不用特別曬太陽，就能形成近似馬德拉酒的風味。同時，因為已經產生過氧化的氣味，葡萄酒的儲存時間反而更長了，不用擔心之後氧化的問題，和馬德拉酒一樣，「埔桃酒」有股特殊風味，喝起來跟現在很流行的 Dry Wine 不太一樣，它不同於一般的「干紅」，而是略帶一點甜味、有點像葡萄乾的味道，類似雪莉酒氧化後的氣味，其實雪莉酒也是一種過氧化的葡萄酒。●

1.2 製程中的不完美，卻造就飲品特色

STEVEN：另外還有一種缺點味，我也覺得很特別，是製程中產生的。我最近很喜歡波摩這家威士忌酒廠，它們主要的產品以雪莉桶為主，但它的雪莉桶跟別人的雪莉桶不一樣，有一種非常迷人的魅力，聞起來有種香水味的感覺，但是絕大多數人形容那是肥皂味。這種皂味其實是製程中產生的一種瑕疵，因為蒸餾時的酒液不能裝填過滿，就像我們在瓦斯爐上煮湯一樣，當水開了，上層就會有很多泡沫，如果火太大、湯裝太滿、鍋蓋太緊，泡沫就會爆沸而溢出來，酒液蒸餾會有一樣的現象。因為密閉的蒸餾器內部就像是蓋緊的鍋子，火力沒控制好，發酵液體裝太滿，冷凝時蒐集的就不只是純粹的酒蒸汽而已，會有過多泡沫雜質，進而產生「皂味」，也就是所謂的「雜味」。

對於年輕的酒來說，駁雜的氣味並不受歡迎，但當酒液經過長時間熟成之後，那些皂味居然轉換成奇妙的香水味，十分獨特。但現在年輕的波摩已經把製程調整過，酒體乾淨不駁雜，也幾乎找不到皂味了，就算少數有皂味，都是非常非常微量的。以前那種臭不可當的老皂味是無法被取代的，卻非常特別，你幾乎在蘇格蘭一百多家酒廠裡面也找不到同樣的味道。那樣的皂味

　喚醒了我的兒時記憶，小時候爸爸準備了「美琪藥皂」幫我洗澡，外觀是紅紅的肥皂，擦在身上有種特殊味道，我覺得波摩的老皂味就很像那個味道，有點接近。但其實小時候並不覺得那個皂味好，反而覺得多芬比較香，當我嗅聞到波摩那個皂味時，馬上把我拉回到過去的回憶裡，那樣的味道瞬間被昇華了，最近我喝到仍有老皂味的波摩老酒都會感動莫名。

　我覺得隨著品飲經驗的積累，有豐富經驗的品飲者會慢慢放下追求什麼叫做好壞、高低、對錯的二元對立價值，因為世界上的所有飲品都是來自於大自然風土的產物，怎麼會有高低之分呢？怎麼會有對錯之別呢？到後來，其實會十分感激它提供我生命經驗中某一種無法取代的可能性，就像是波摩的皂味威士忌。

J AMES：在咖啡的領域裡，對於「缺點味」界定得很明確，有些缺點味是使用農法、儲存方式、運送瑕疵帶來的，例如「過度發酵味」、「黴味」、「腐敗味」、「藥碘味」、「土壤味」、「橡膠味」…等。另外還有烘焙瑕疵產生的缺點味，例如「呆焙味（Baked）」、「發展不足（或發展過度）」、「燒焦」、「邊緣焦化」…等，所有可能發生的缺點味道都被界定得很清楚，比較不像威士忌製程中會突然冒出來類似肥皂味之類的、意料之外的缺點味道。

但是咖啡的「缺點味變成優點特色」其實也很常見，最典型的例子就是把稍微燒焦的焦苦豆子拿來製作冰咖啡。日式傳統咖啡店習慣使用帶著明顯焦苦味的深焙咖啡豆製作冰咖啡，因為人的口腔味覺敏感度會隨著溫度下降漸趨遲鈍，越冰的飲料需要越重調味才能讓品飲者感覺味道足夠。依此原理，將

稍微燒焦的咖啡豆做成焦香苦韻的冰咖啡，配上糖水、鮮奶油，一入口有股焦香氣味直衝腦門，原本太焦、太苦的咖啡，華麗轉身變成迷人的特色！

　　另外一個例子，是在烘焙咖啡過程中刻意將烘焙機的排氣口短暫阻擋，讓它閉鎖起來，讓豆子染上一股焙烤味，這個做法其實是在「污染」咖啡豆，讓原本應該排掉的焙烤煙味附著到咖啡豆上，喝完這樣的咖啡，杯底會出現一股焦糖般的味道，這時候咖啡館老闆會請客人在杯底添加清水，此時清水喝起來也會帶著焦糖甜味，這是老式咖啡店流傳的小Trick。

STEVEN：咖啡的缺點味也很有意思！我想再分享一個威士忌製程帶來缺點味的小故事。有家酒廠叫做克里尼利基（Clynelish），它的酒瓶上面有一隻山貓，大家暱稱它「小山貓」，在同一家酒廠裡有另一個名字叫布朗拉（Brora），卻是舊廠生產的，酒標上標示著一隻較大的山貓，我們稱它「大山貓」，它們都有種獨特的蠟味，像蜂蠟一樣或是點蠟燭時出現的蠟味，那種蠟味進入口腔跟鼻腔後，能被清楚地展現出來。一般來說，絕大多數的威士忌多半得在橡木桶中熟成30～50年才會展現出那種質感的老酒味，有趣的是，這個酒廠在還年輕的時候就有那個蠟味了。

　　那為何會提早出現蠟味？據說有一年這個酒廠進行歲休，就是每年底會停產一段時間，把整個酒廠裡的管線、蒸餾器、儲存槽…等所有的東西進行一次大清洗。通常在蒸餾酒液的過程中，酒廠會把酒心取出來，放進橡木桶熟成，這就是我們一般喝到的部分。但威士忌不只有酒心，還有酒頭跟酒尾，酒頭裡有沸點較低的物質，酒尾的部分則是後段四大分子物質，通常酒廠裡會有一個暫存槽專門儲存酒頭和酒尾，待下一個批次蒸餾時，暫存的酒頭和酒尾就會加入其中一起蒸餾，不斷反覆這個過程。

長年製酒的過程累積下來，暫存槽中每一批次的酒頭和酒尾的厚重物質，逐漸在暫存槽內壁形成一層油膜。但剛才說的那年歲休，廠裡的員工在不知情的情況下把那層油膜洗掉了，因此蠟質般的味道就不見了。在台灣，因為氣候炎熱，很容易衍生雜菌，威士忌酒廠會經常清洗管路和儲存槽，但蘇格蘭當地氣候寒冷，不用常清洗，所以那些油膜可以累積很久。現在小山貓酒廠工作人員們都非常戒慎恐懼地努力維持住麥芽新酒當中的蠟味，這個味道是酒廠與眾不同的特色，也是所有威士忌老饕愛上這家酒廠的理由。

其實很多美好味道的產生都出於意料之外，包括波摩的老皂味也是。所以我們更要相信一點，如果太習慣用這個時代被侷限的品味價值去判斷一切事物的好壞，我們就無法放下桎梏、更寬大地面對所有事物，無論是咖啡或威士忌，唯有對於任何新事物、新觀念都能平等以待時，我們才能學習和獲得更多，包括感受到透過風土展現或製作者本身想表達傳遞的美好。●

J AMES：早年的製程通常有各種「不精確」存在，以前的葉門咖啡豆也有類似情況。數十年前種植咖啡的人，只要搖一搖咖啡樹，就會有很多成熟漿果掉落到地上，咖啡農直接把地上的漿果掃一掃、蒐集起來，接著曬乾、脫殼就可以賣了。但現在不一樣，有很多更進化、更精準、更仔細的做法能篩選、去除掉瑕疵豆。我記得2000年左右舉辦咖啡聚會時，那時最常喝到日曬處理的葉門摩卡咖啡，有很奔放、很狂野的味道，咖啡豆是大顆小顆混在一起，有的很小、有的很醜，看起來亂亂花花的、顏色也不一樣。由於豆子的含水率不一樣、顆粒大小不一樣，烘焙後的樣貌很醜，但喝起來的味道極其豐富、超級美味，那種果香味是狂炸的，就好像一匹脫韁野馬，是非常狂野不羈的風味。相較於那時的葉門摩卡咖啡，現在的咖啡都「很乖」，味道被整理得很一致，規矩地呈現在你的杯子裡，再也喝不到以往那種有特色

的香氣變化，因為它已經被「馴化」了，以往喝一口會在腦中立刻浮現非洲大草原上有一群野生猛獸奔跑的畫面，現今已不復見。

現今的葉門咖啡喝起來變得更均質、更乾淨，但也失去以往帶給人們的驚艷感與興奮感。就像 Steven 你說的，我們不妨用更寬廣的心胸去看待那些以往被人們認為不穩定、不精確的地方，其實才是重要的魅力來源。◗

適度的缺點味有時反而為飲品增添層次

STEVEN：我很喜歡三得利前任首席調酒師輿水精一先生的一個比喻，有一次他談到自己對於調配工藝的想法，是他唸小學時得到的觀念。輿水先生說，一個班級裡如果每個人都是好學生，大家都很聽老師的話、都很認真讀書，成績也都考得很好，那麼這個班級一定很無聊。他說以前的老師在教學過程中，有時刻意把壞學生加到好學生當中，這個班級就能因此變得很活潑，壞學生甚至會刺激到所有好學生，讓他們知道原來學習有這麼多的可能性，也避免學生們陷入單一的學習價值中，得以迸發出多元的聲音。所以，輿水先生在威士忌調配過程中，也會把「壞學生」調製到「好學生」裡，增加威士忌品飲時的豐富性，讓成品更有生命力，甚至產生更多趣味，難怪他調配出來的威士忌在國際大賽上屢屢得到大獎肯定。

還記得那年我們聊天時，輿水先生手裡搖著一杯陳年38年的山崎威士忌，他說一些陳年過久、用桶過重的威士忌，反而會帶著過多歲月的沉重苦澀，屬於不好的威士忌，也就是壞學生。但是，當這樣的威士忌調配進入口感平穩、風味均衡、表現扎實的威士忌中，一支威士忌的層次和複雜的表現，就

像畫龍點睛般被打開了，威士忌將會變得活潑而生動。

「啊？38年的威士忌是壞學生？」在現場聽者們刻意壓低聲量的驚呼聲中，首席調酒師不只打開了大家對於威士忌內在思考的格局，也顛覆了以往好壞對錯的認知和偏見。我們現在覺得的「好味道」，在過去也可能是壞學生，就像是酒尾意外產生的油膜，或是過度裝填酒液暴沸後的皂味，還有被人們認為落伍的蟲桶冷凝造就的硫味…等。現在人們反而認為適當的硫味能幫助威

士忌陳年，並產生更多複雜的好味道，就像葉門咖啡豆一樣的觀念呢！誰說壞學生一定是錯的？現在的我們已經開始反省過去的教育分班制度是有問題的，我們把學生分成Ａ段班跟Ｂ段班，單純用學業成績來分班好學生和壞學生，被老師放棄希望的壞學生看似只能淪為社會的黑暗面，只有好學生才是未來社會的棟樑嗎？但事實上，一些改變世界力量的人來自Ｂ段班，甚至是某個領域中的ＴＯＰ，只是他們對於死讀書不感興趣而已。我覺得教育觀念應該要顛覆，咖啡的觀念也可以顛覆，威士忌觀念的顛覆也在這個時代正與時俱進啊！ ●

J.AMES：完全同意！像這些不完美的味道，卻是造就獨特風味魅力的來源。在咖啡世界裡也有一個好例子，就是「陳年曼特寧」。曼特寧是泛指印尼蘇門答臘島產的咖啡，曼特寧咖啡天生有一個不太討喜的酸味，如果做中淺度烘焙的話，往往呈現出一股陰暗、低沉、厚重質感的酸味，相較於非洲咖啡豆爽朗明亮的酸味，曼特寧的酸味就不怎麼討人喜歡。但印尼當地的咖啡農無意間發現，只要將新採收的咖啡豆擺在倉庫裡一兩年後再取出來，咖啡生豆就會從原先的深綠色轉變成棕色，而且酸味大幅度下降，於是有了「咖啡豆陳年處理後再販售」這種傳統做法存在。

陳年曼特寧生豆因為長時間在室溫中緩慢進行梅納反應，雖然未經烘焙，咖啡生豆的外表就已經是咖啡色，含水率低，這樣的陳年過程還讓它帶有一股塵土、木屑般「髒髒的」氣味。可是經過烘豆師適當以慢火進行中深度烘焙，陳年曼特寧反倒會呈現出類似糖漿般的柔軟醇厚口感，原先的塵土、木屑這些「髒髒的」氣味竟轉變成回甘餘韻的一部分，變成它獨特的魅力，這也可以說是「壞學生增加咖啡豐富性」的好例子！ ●

 咖啡烘焙大師豆單！

 印度 風漬 馬拉巴
中度烘焙
India Monsooned Malabar

蘇門答臘 陳年 曼特寧
深度烘焙（2 年以上陳年）
Sumatra Aged Mandheling

 威士忌執杯大師酒單！

 波摩 12 年雪莉桶
單一麥芽威士忌
Bowmore 12 Years Old Islay
Single Malt Whisky

克里尼利基 14 年
單一麥芽威士忌
Clynelish 14 Years Old Single
Malt Whisky

COFFEE×WHISKY
TOPIC

2

生豆處理與威士忌用桶

這章我們聊…

Let's Talk About...

生豆處理的潛質

理科腦的烘焙手法

咖啡豆的熟成，以及看豆烘豆

威士忌過桶與綜合配方豆很類似？

2.1 原料與風土
之於飲品的重要性

STEVEN：我覺得無論製作威士忌或咖啡，原料、風土都是非常重要的因素，即便大眾喝威士忌最在意仍是橡木桶，但其實橡木桶對風味的影響應該像蛾眉淡掃般，如此才更顯美好，避免掩蓋了一支酒想傳遞的整體精神。對我來說，原料及風土、酒廠精神⋯等蘊含了更多可挖掘的故事，比方用來製酒的麥芽，不同地塊的麥芽所造就的酒液差異是能清楚感受到的，也就是說，風土的影響在威士忌領域有跡可尋。

這讓我想到沃特福（Waterford），它是一家愛爾蘭的新酒廠，它的創辦人原來是艾雷島布萊迪酒廠的老闆，當布萊迪酒廠賣給了人頭馬集團後，布萊迪的兩位靈魂人物，一位是吉姆麥克尤恩，他留在艾雷島，在島上蓋了另一間新酒廠；另一位靈魂人物是馬克・朗恩（Mark Ryan），跑到愛爾蘭蓋了沃特福酒廠。Mark Ryan本來是葡萄酒商，一直想把葡萄酒風土的觀念放到威士忌裡，看看是不是能夠實現，對馬克而言，布萊迪的風土架構，只實踐了他想法的一半，沃特福酒廠才完整實現了他的理念。所以你會發現，過去在布萊迪有很多葡萄酒觀念跟威士忌融合，甚至把波爾多五大酒莊、布根地DRC的橡木桶都拿來熟成威士忌，這其實都是Mark Ryan提出的觀念。

Mark Ryan把在布萊迪還沒貫徹的觀念搬到愛爾蘭實現，因為愛爾蘭本身就是大麥生產地，所以他找了很多大麥田契作，甚至像葡萄園一樣講究，先做地質鑽探來決定要種哪個類型的大麥，而且不只種了不同品種的大麥，也嘗試在不同土地種相同品種的大麥，為了比較土地之間的風土差異性。沃特福擁有最複雜的麥芽倉儲管理系統，他們將不同品種或是不同土地種植的大麥分門別類儲存，並且分成不同批次進行發酵和蒸餾。關於原料大麥的風土條件是不是能影響威士忌風味的實驗，他們不遺餘力的做法，對傳統的威士忌產業來說，其實相當瘋狂！

我試過它現在的一些作品，目前產品使用橡木桶熟成時間並不是那麼長，畢竟它還是新酒廠，並沒有老酒，以麥芽新酒跟橡木桶風味的比重來說，麥芽新酒的比重是高的。但我會懷疑，同樣的酒在橡木桶中熟成長達12年、15年，甚至使用首次裝填（First fill）的橡木桶，會不會讓橡木桶過高的影響力壓抑掉細微的大麥差異、地塊差異，那酒廠花這麼多力氣值不值得？是否具有意義？加上目前酒廠來自同大麥田的威士忌，彼此間展現的差異性是沒有控制變因的手段，那些風土的差異有完整的意義嗎？儘管如此，我個人仍然非常肯定這樣的做法，就如同 James 你烘焙咖啡時，如果拿到不同地塊的咖啡豆原料，你並不會因為它只產生一點點細節差異就不去在乎，我想聽你從咖啡觀點來分享你的看法。●

生豆處理的潛質

J AMES：沒錯，我很在意風土之間的細節差異，因為對於烘豆師來說非常重要，生豆品質和挑選是決定性的基礎。我挑選生豆非常小心，一定

會精挑細選出心目中最好的豆子，也就是最適合我拿來「烹飪的食材」，因為烘焙就是烹飪，豆子就是食材。愛下廚的人都知道，有好食材才能做好菜，即便是同一種食材，但是由不同小農種的，味道也隨之不同。好食材看多了、看久了，你就會知道這家種的食材是什麼特性，然後今天要做哪種料理才能符合它的特性，我是用做料理的角度在挑選生豆。通常拿到生豆，我會依據原料的優缺點、以往的烘焙經驗，讓咖啡豆進一步呈現想讓顧客品飲到的樣貌。

生豆本身的風味就像一個「潛質」，我用烘焙手法喚醒這個潛質並且給予調整，但有些潛質是我不要的，例如印尼蘇門答臘島產的某些咖啡，或是某些南美洲秘魯熱帶雨林咖啡帶有陰鬱的、低沉的、不討喜的酸質，我就用烘焙技巧讓這些酸質下降消失，儘量不彰顯出來，這就變成一個創作了。最後呈現出來的，是我想要的口感、想要的香氣，不要的味道就盡可能地去除或降到最低，優秀的烘豆師主要做的是這件事。我可以在烘焙上塑形，把不要的味道下降、把要的味道突顯，但不能忽略掉一點，不要的味道仍是「潛在的味道」，潛在的東西就算極力把它下壓，也很難完全變成零，還是可能喝得到，如此可見生豆的重要性。

有了好豆子，後續烘焙的手法對於一杯咖啡的影響就非常大了。以前我們店有個新人考試滿有趣的，就是新人報到後，我會準備7杯咖啡一字排開，不給新人任何資訊，請他用直覺去品嚐，然後猜猜這裡面用了幾支豆子，這個測驗目前還沒有人猜對過，你知道為什麼嗎？因為答案是：7杯都是同一支生豆，但是我用不同的烘焙方式去烘，所以每一杯喝起來完全不同，有的喝起來像非洲豆，有的像美洲豆，品嚐起來都不一樣，這就是一個震撼教育，讓我們的新進夥伴了解原來「烘焙」對咖啡的口感與味道會造成這麼巨大的影響。

2.2 咖啡烘焙的講究之處

STEVEN：聽起來，咖啡豆不同的烘焙程度有點類似威士忌使用波本桶、雪莉桶，會有不同的方式來熟成酒液？●

JAMES：嗯，我覺得生豆烘焙處理和威士忌用桶有異曲同工之妙，我可以將咖啡豆烘焙到同樣焙度，但運用不同的烘焙技法，讓每杯咖啡喝起來都不一樣。●

STEVEN：威士忌也可以用波本桶跟Refill的雪莉桶，讓它熟成出來的顏色很接近、深淺差異不會那麼大，但是裡面卻有不同風味，甚至用美洲橡木、歐洲橡木或匈牙利橡木，也都有不同差異性。先前到你的烘豆廠拜訪時，我非常驚訝你幾乎把所有烘豆製程精細化到小數點下一位！烘豆廠為什麼要做到這麼細緻的程度？是為了有足夠的數據資料，你才能夠跟全世界所有烘豆師、咖啡師，咖啡愛好者對話嗎？●

將數值量化、歸納的「烘焙曲線」

JAMES：我個人覺得咖啡是一個感官的東西，感官很難用數字做量化，但我們不能只單靠感官描述而沒有數字量化做基礎，這樣很難精確傳達烘焙想法和嚴格品管。所以我習慣盡可能地用數字加以衡量每個環節。比如說咖啡豆的烘焙度，傳統上是對色卡，它分成好幾階段的顏色，深棕色、淺棕色、深黃色、淺黃色，主要拿來核對咖啡的顏色。

但是對色卡無法完全準確，比方受到環境燈光色溫的影響、受到判斷者感官＋主觀的影響，有可能我說的「深烘焙」對你來說是「中烘焙」，有可能你的「中烘焙」在我看來是「淺焙」，所以必須依賴很精確地以數字量化再做判斷。所以我們引進了很先進的機器可以精準量測咖啡豆的烘焙度，實際變成一個數字；磨成粉後又變成另外一個數字，它的精確度可以到小數點下一位。一旦有了這些數字，一方面方便我們進行品管，二方面的確像Steven你說的，可以跟全世界的烘豆師做交流。

STEVEN：我在你的烘豆廠裡看到有一台美國來的超專業機器，我發現你把烘好的咖啡豆放在一個圓盤子裡，推進機器中，它就能精確地測量出一個數值；接著把咖啡豆磨成粉，再把咖啡粉放進機器中，又得到一個數據。咖啡豆和咖啡粉這兩個數據的差異，有什麼樣的特殊涵義？能看出咖啡豆擁有什麼樣的特色？

JAMES：這個問題非常好，其實關鍵秘密就在這裡。烘焙咖啡豆時，豆子表面和豆芯在烘焙上會有些微差異，我們把這個差異叫做「烘焙差值（Roast Data）」，簡稱RD值。

　　當 RD 值越大，也就是豆和粉兩者差異越大的話，這個咖啡豆喝起來就越活潑、動態感越強；RD 值越小，這款咖啡喝起來就是很平穩、很和緩的味道，你一喝會覺得就是大人的味道，或像是很成熟的韻味。所以我們可以控制 RD 值來調整每一支咖啡豆，讓你喝起來感覺清新、活躍、有動態感，又或是很沉穩、很低沉的咖啡風格，精確掌握和表現烘豆師希望的焙度或狀態。

S TEVEN：這聽起來感覺有點像是威士忌的用桶，威士忌的重雪莉桶風味熟成偏向厚重平穩，變化較少。而波本桶或是比較沒有那麼重的 Refilled 雪莉桶，多半會展現出更多層次、豐富度，然後每一口威士忌喝起來味道都不一樣。

像James這種咖啡專家對於烘豆的專注和執念，讓我想到瑞典的調酒師，也是用很科學、很刁鑽、數據化的方式對待威士忌。我前陣子就飛到瑞典看酒廠，發現瑞典人是天生的技術狂魔，很多都是工程師類型的人。我認識兩家瑞典威士忌酒廠的首席調酒師，一家的首席調酒師是女生，她曾說自己是女巫，有次她來台灣參加酒展推廣自家的威士忌，還順道參加我朋友辦的蘇菲旋轉舞蹈靈修，是非常有趣的人。可是她製作威士忌的時候，思考模式卻像靈活的竹科工程師，前些年他們蓋了新廠，是全球第一間環保智能垂直式威士忌蒸餾廠，酒廠功能聽起來很饒舌，但就是借助重力協助完成威士忌的製程，能節省下額外的電能或熱能。她還讓AI人工智慧擔任首席調酒師，由她親自訓練AI，並迅速升任自己為「首席鼻子官」，由AI幫她快速分析大數據，找到最佳風味配方的建議，最後再由她這位首席鼻子官品嚐和分級，這些腦洞大開的做法，既有趣又合乎邏輯。

另一家瑞典酒廠的廠長剛好也是前任工程師，整間酒廠就像他的實驗室，他把所有做過的製程實驗全部鉅細靡遺地記錄下來。在他的實驗中，酒窖裡的橡木桶使用了超過8種以上不同的橡木材質、超過10種以上不同的橡木桶尺寸，我們一般看到橡木桶形狀是圓形的，但他想了解方形和圓形在熟成上會不會不同？於是跟木匠訂製方形橡木桶來熟成威士忌。從他眼神中讀到他對威士忌的熱情，感覺威士忌就像是實驗室裡他最愛的白老鼠，很認真地探究這些對別人來說僅是微小的差異，只為了更多了解對於威士忌的風味到底會有什麼影響。瑞典酒廠和我以往去過的蘇格蘭酒廠完全不同，他們甚至做了一支酒叫作「北緯63」，因為北緯63度線橫跨了酒窖倉庫，讓廠長興起一個念頭，於是他把麥芽烘到63ppm、做了63小時的發酵、放入63公升的橡木桶熟成、把橡木桶放在北緯63度線上、離地63分米、陳放63個月，並且將酒精濃度設定在63度，控制室溫華氏63度下裝瓶，瓶子容量是

63+6.3+0.63+0.063…，在6月3日上市。有些人或許覺得這些數字不過是個噱頭，想嘩眾取寵，但對我來說，這些人就像工程師魂大爆發，對他們來說，就是狂熱到真心希望了解威士忌所有細節，每個細節的改變對風味又會造成什麼樣的差別，我相信你在烘焙咖啡時應該也有類似狀況，哈哈！◉

JAMES：沒錯，我們烘焙咖啡時也需要無時無刻緊盯並深入了解各種可能變因，並且透過反覆的實驗來驗證自己的想法，其實影響咖啡風味品質的細節非常非常多，超乎外人的想像。例如瓦斯管路的壓力、廢氣環保設備觸媒磚塊的阻塞與還原程度、所處環境的溫度濕度、氣壓、烘焙廠所在的海拔高度…等，每一項都會對咖啡風味造成影響，如果你的「好球帶」越窄（對品質要求的寬容度）就會對於各種細節變因的要求越高，當然會使得製造工時與成本提升不少，但對於提高品質的成效是顯而易見的。◉

STEVEN：看來，無論是調酒師或烘豆師，專業職人們的想法都一致，不因為了解一些事情就覺得滿足，反而想研究更多！像我剛才分享的例子，現在許多新酒廠充滿各種實驗精神，跟以往蘇格蘭製酒不隨便更動製程的想法很不一樣，所以我滿鼓勵大部分朋友一定要看看新酒廠，雖然新酒廠的酒才剛做出來，年份很淺，價格卻不見得便宜喔，非常值得一試。有些人的觀念停留在只喝老酒、只喝很貴的、只喝知名品牌的酒款，這是很可惜的，這些充滿活力和豐富想像力、蘊藏無窮可能性的新酒廠，以後都是大有可為的新秀啊！

剛才James還說到烘焙對於豆子有巨大影響，那我想問，咖啡豆剛烘好時是最好喝的嗎？◉

JAMES：不是，咖啡豆剛烘好時就像水果剛摘下來一樣，味道還沒有發展完全，所以我們要給它一些時間熟成，這叫做「養豆」。這種熟成時間的長短不一定，一般來講是3～7天之間，氣溫越熱，咖啡豆熟成時間越短；氣溫越冷，熟成時間越長。它也和咖啡豆的烘焙方式有關，越是快火烘焙，其熟成時間越短；越是慢火烘焙，它的熟成時間越長。經過適當熟成後，咖啡豆內部的水分子會重新排列，它的芳香物質會更趨於成熟，熟成後的香氣會變得很飽滿，而且能完全釋放。

如果你是在剛烘好豆子時就馬上沖泡來喝，喝到的只有咖啡豆本身七、八成的味道，當然也牽涉到烘焙方式啦，總之剛烘好的豆子並不是最好喝的狀態。

2.3 看豆烘豆，
不同風格的烘焙法

STEVEN：那以你個人的烘豆經驗來看，比較偏向什麼樣的喜好，是變化多端的？還是比較沉穩的類型？

JAMES：要看豆子的屬性，比如說亞洲豆，它屬於比較 Earthy，就是有較多土壤的氣味，類似印尼紅木家具般的氣味，我會用比較沉穩的烘焙法，設定比較低的 RD 值，這樣烘出來的咖啡就是大家喜歡的香醇濃郁、回甘。如果是非洲咖啡豆，例如許多人喜愛的肯亞咖啡或日曬耶加雪菲，外觀是很小粒的豆子，豆相看起來有些參差不齊，是因為日曬處理的顏色會不太一樣的緣故。這種咖啡豆我就希望它味道是動態範圍很大的，喝起來活潑，所以會用淺度烘焙加上很大的 RD 值，讓測量後的豆子內外差很大，這樣你一喝起來就感覺哇～提神醒腦、很清新很奔放，有很多很棒的花香味、果香味、蜜香的展現。

STEVEN：剛烘好的咖啡豆聽起來有點類似威士忌的麥芽新酒啊，哈！我和有些威士忌愛好者交流時，他們說很多消費者喝威士忌時會先確認這是不是雪莉桶，然後再確認顏色夠不夠深。但事實上，老饕在喝一支威士

忌時會先了解它背後的酒廠精神，就是麥芽新酒（New Make）的特色，因為每家酒廠的製程、蒸餾器長相都不一樣，做出來的酒也就不一樣。

油酯豐厚的麥芽新酒適合搭配比較重風味的橡木桶，油脂比較細膩、輕盈優雅的，或許不需要搭配過重的橡木桶味道桶陳，彼此足以達到平衡。就像你說的，不同的豆子要賦予它不同的層次表現。●

不同風格的烘焙廠性格

JAMES：在概念上非常類似，而且我很同意威士忌酒廠的酒廠精神，是我們喝威士忌前要先注意的事，其實選購咖啡也一樣。咖啡也有每一間廠家的烘焙廠性格，其實可以多了解這家烘焙廠他們喜歡或擅長烘焙哪一類咖啡，以及他的老闆或烘焙師喜歡什麼風味。比如說，你喜歡很低沉的風味，那可以選擇一些日本老店、老式復古的日本咖啡，通常日本老店就屬於很Low-key的烘焙廠性格，變化不要那麼多，RD值都非常的小，烘完的咖啡豆跟磨完豆粉的那個豆相幾乎是一致的。●

STEVEN：像這種一致的做法，你在烘焙咖啡豆時，是如何做到讓它趨向你希望的狀態？●

JAMES：就是選擇很慢火、長時間的烘焙。所謂的長時間呢，有時候甚至會花費1小時之多；一般正常情況是15分鐘就烘焙好一批咖啡。但日本老店的慢火烘焙可以做到40分鐘，甚至60分鐘、90分鐘才烘焙好一批咖啡，整體時間拉得很長。●

STEVEN：感覺有點像是威士忌的緩慢蒸餾，有異曲同工之妙耶。

JAMES：但在北歐國家就相反，北歐國家喜歡大火快炒，烘焙時間非常短。像美國以15分鐘為標準的話，北歐國家大概是9～11分鐘之間，烘焙時間更短，所以創造出來的咖啡風味更奔放、動態範圍更強，RD值更大，這就是北歐風格。

STEVEN：太好了，這可以提供我們消費者作為參考，進而尋找自己想要的咖啡豆風格。假設我喜歡北歐風格或RD值較大的，在市面上該怎麼挑選？

J AMES：可以觀察它是不是北歐風格的店，比方如果咖啡店老闆說他是賣北歐咖啡、北歐風格或北歐式咖啡，然後採用淺度烘焙，那這種咖啡豆通常是走香氣系的淺焙咖啡豆，淺焙香氣是在鼻腔區域產生的香味，那他們賣的豆子的RD值就是大的，屬於烘焙過程做得比較快的那種。這種店通常比較強項的也是非洲系咖啡，像來自肯亞、衣索比亞，少許像是烏干達、葉門、尚比亞…等，這些非洲豆就有很棒的花果香，透過這種快節奏的烘焙方式，花果香氣就會被強化，整體風味變得非常活潑。

其實大家可以依自己的個性、喜好去挑咖啡，假如你不想要動態範圍太大、喝起來太活潑，但也不是喜歡很沉穩的日系老店味道，那怎麼辦呢？那其實中間有個好選擇，就是美式咖啡豆，因為美國風格就剛好介於兩者中間。

S TEVEN：那我也要推廣一下威士忌的選擇！以我個人而言，我覺得威士忌變化最豐富的其實是使用Refill雪莉桶熟成，就是那種用過幾次的舊雪莉桶，對我來說那樣的風格變化是最大的。介於中間的，就是波本桶熟成的威士忌，然後變化最少的就是非常非常重的雪莉桶風格，如果以威士忌做判定的話，一般來說是這樣子。

J AMES：如果我們用剛剛你講的比喻來對照咖啡的話，非常非常重的雪莉桶風格就像是日本老店咖啡，也就是重烘焙、RD值很低的類型，整體來說表現很沉穩、很Low-key的咖啡，而且喝起來偏濃、沒有活潑奔放感；而波本桶威士忌就屬於比較清新、味道輕飄飄，跟北歐系咖啡會比較像。

S TEVEN：普遍來說台灣人比較偏好雪莉桶，那我好奇，台灣人也有特別喜愛的咖啡味道嗎？

JAMES：有的，就是日曬耶加雪菲，來自衣索比亞的西達摩（Sidamo），這個產區位於高海拔地區、地形十分狹長，但面積不大。台灣有許多咖啡迷都喜愛喝日曬耶加雪菲，它就跟雪莉桶很像，比較不酸、口感厚，香氣比較明顯大管。和同個產地水洗處理的豆子相比，它的味道比較輕盈、口感通常也較薄，很像威士忌中的「格蘭冠」。

很多台灣人喝波本桶的格蘭冠會覺得酒液顏色很淺，味道清淡，而偏愛色澤深、口感厚的雪莉桶威士忌，咖啡也有相似的現象，就是大眾普遍追求日曬處理豆，因為日曬處理為咖啡帶來了酒酵味，會把「新鮮水果味」變成「果醬味」，比方本來是清淡的新鮮藍莓味，經過日曬處理後會變成濃郁的藍莓果醬味。可是市場上常有發酵過頭的日曬咖啡豆，這其實是個缺點味，讓咖啡味變成一股像是醬缸的味道，但在兩岸三地有某些族群超級愛，因此在咖啡產地就有人會特地做這樣的豆子到市場上販售，而且賣得超級好，無論發酵味、酒酵味都很重。然後販售的人會告訴你，我這是有酒香的咖啡，但其實整杯都是過度發酵的氣味，這種味道很明顯、很容易辨認，非常強烈濃郁，很容易讓人誤把它當成優點。

像我們店裡同時會供應日曬耶加雪菲跟水洗耶加雪菲，平常的銷售比大概是8：2，高達八成的客人會選日曬處理，我們常和消費者說要不要試試看水洗豆，它的味道其實很細緻，但絕大多數人還是熱愛日曬豆。

2.4 咖啡與威士忌的珍稀味道

STEVEN：像我們常常覺得有些威士忌雪莉桶用桶過深了，深到平衡感都失去了，可是在市場上卻大受歡迎！其實葡萄酒的世界也是一樣，市場由葡萄酒聖經的羅伯派克定義「波爾多葡萄酒」風味就是又濃又厚又重才是王道，所以許多酒評家才說羅伯派克喝不懂細緻的布根地葡萄酒。但事實上，對於花了一些時間透過品飲提升自己味覺感受力的人，反而很珍惜那些細膩的味道，喝到那些必須經過精心釀製才能保留下來的優雅氣味時，我們是更加感激的。●

JAMES：在咖啡領域也是，真正貴的豆子也是貴在這些細緻的味道，香氣會很細、很幽微，萬一烘焙過程沒做好，細緻香氣就消失了；或是沖煮、保存不當的話，細緻香氣也會減弱或消失。這種細緻的白色花香，像是茉莉花香或好幾種花蜜的氣味，當這些味道出現在咖啡裡，就會覺得哇～好迷人，像你說的讓人覺得感激。

細緻香氣大都出現在鼻腔（鼻後嗅覺），是一些小分子的、揮發性的酯類飄逸香氣，這種往往是最好、最珍貴的咖啡。但這種香氣不是每個人都能感受得

到，如果習慣吃加工品、重口味飲食的人、老煙槍，會比較難感受到細緻的香氣；反而你要給他很大管、很粗壯、濃郁的味道，像是酒酵味這種過度發酵的氣味，像是深色醬油般的重雪莉桶，他們才會覺得比較夠味。而咖啡產地也因為消費端的喜好，本來不做日曬處理的產地也開始做日曬處理。◍

波本桶和雪莉桶過桶各自美麗

STEVEN：這就像大家都在做雪莉桶一樣呢～既然我們說到波本桶跟雪莉桶，我帶了齊侯門單一麥芽威士忌，雖然是同家酒廠，但一支是波本桶、一支是雪莉桶，而且顏色剛好有很大的落差，我們來試試看它的風味，它們都有厚重的泥煤炭味，而且因為酒廠蒸餾器容量很小，才2000多公升，算是很有油脂感的威士忌。

齊侯門（Kilchoman）屬於農莊型的威士忌酒廠，我應該是全華人第一個拜訪這家酒廠的人。於2004年創廠，2005年正式運作，我2007年去拜訪，他們擁有自己的大麥田，自己做地板發麥，這在蘇格蘭威士忌產業是罕見的，當初一開始只有一對蒸餾器，現在已經擴廠了，仍是很小型的，是小農且手工製作，回歸傳統蘇格蘭威士忌的製作方法，而且盡可能跟那塊土地產生連結，但他們並不是所有品項都使用在地麥芽，畢竟麥芽的需求量很大，所以絕大多數還是要從世界各地其他大麥產地去取得原料，外購直接烘好的麥芽，自己種的麥芽只夠做某些特殊品項。你自己對於威士忌的波本桶跟雪莉桶的選擇有什麼喜好？以及，像齊侯門這兩支酒都有泥煤炭味，泥煤炭味跟波本桶融合，或是和雪莉桶融合，你喜歡哪一個？◍

JAMES：我喜歡波本桶，如果是太重的雪莉桶的話，我比較沒辦法喝；有些淡雪莉或是過桶、或是混過的那種就可以，那種很好喝，我也很喜歡。現在很多人喜歡醬油色，現在只要酒商拿出來的酒顏色夠深、色澤像黑醬油一樣的威士忌都賣得很好，當然有時也會喝到很好喝的深黑色威士忌，但是踩雷的機率比較高。我有收藏Steven在2019年的選桶「知天命-噶瑪蘭」這支威士忌，它的色澤很深，風味卻非常好，我很喜歡。

　　如果泥煤炭味跟波本桶融合，或和雪莉桶融合這兩者擇一的話，我還是選波本桶。

STEVEN：以前拜訪蘇格蘭的時候，我和多位首席調酒師們對話，他們說基本上泥煤炭味是一種特殊味道，非常有個性的，使用雪莉桶的熟成多半會壓抑這樣的個性，所以站在首席調酒師立場來說，會覺得既然花了力氣特地把泥煤味放進威士忌中，為什麼還要用雪莉桶來壓掉泥煤味呢？所以製酒者多半比較喜歡用波本桶來熟成泥煤炭味，完全合乎邏輯，當然也有不少酒廠使用雪莉桶來熟成泥煤炭味威士忌，但是它的目的在於：賦予威士忌不同風味的選擇性。雪莉桶熟成給予泥煤炭味像是濃厚的變裝，就像萬聖節的特別裝扮一樣；而波本桶的熟成才是泥煤炭味威士忌更真實的展現，麥芽氣味能被充分帶出，又有清楚的泥煤煙燻味，首席調酒師們跟你的想法是一樣的，也選擇了波本桶。

　　我今天還帶了一支百富威士忌給James品飲，這支百富12年是波本桶過雪莉桶，呼應我們聊到的過桶熟成。百富酒廠早在1980年代就開始做所謂的「過桶熟成」，只是沒有大張旗鼓地對外宣稱而已，因為當時還沒有「過桶」這個名詞，因此沒有特別聲明是用什麼形式做這支酒，只寫了Double Wood。以致於過桶的風潮剛開始起來時，很多人就在猜測，到底這支威士忌是換桶過桶的方式？還是它把波本桶熟成12年和雪莉桶熟成12年的威士忌混調在一起？許多人猜了半天也沒有答案。直到後來，過桶的觀念在市場上成熟了之後，首席調酒師大衛史都華先生才出來說明，這是一個過桶觀念的作品，而且是全蘇格蘭最早上市的過桶作品。2022年，百富更正式對外宣布，它們要在市售款中將「過桶」做成一整個系列，以前只是一樣、兩樣、三樣的做，現在正式舉起一面大旗對全世界宣告，我們的品牌要邁步向前走，讓「過桶熟成」成為主流，顯示了威士忌風味將越來越多元化。

類似過桶，咖啡豆的調配手法

JAMES：說到過桶熟成，我也準備了一款咖啡要讓Steven喝喝看，體驗咖啡領域中類似過桶的手法。這支豆子叫做「甜蜜總匯」，來自巴西米納斯-吉拉斯地區（Minas Gerais），是位於海拔1100公尺的達特拉（Daterra）莊園，莊園面積很大。這個達特拉莊園有一點很特別，它有非常多的品種，所以銷售咖啡生豆時，他們會先把這些品種混合調配成Blend（綜合配方豆），所以是單一莊園的Blend。類比威士忌的話，你可以說他是單一酒廠，可是酒廠裡有不同的桶型去混合，它是單一莊園咖啡，卻又是調和咖啡，用了不同位置、不同微氣候風土的咖啡豆混合調配出來。

STEVEN：這款咖啡一點都不輕盈，喝起來是非常厚實的口感，整個口腔都是飽滿的咖啡風味，它不是那種很Toast、重度烘焙造成的厚重感受，有著非常細膩優雅的酸度，剛入口不會覺得特別酸，卻會在喝完咖啡後，隨著口水一點一點滲透出來。整體的品飲感受來說，這支咖啡的尾韻很悠長，留存在口腔中的豐富感受能持續很久。

JAMES：這個描述很棒，其實它美好的風味有很大一部分來自於去果皮日曬處理，它不像是衣索比亞日曬咖啡常見的果酵味，通常在巴西的「處理味」是很輕很淡的，主要是口感上的差別，它會增強甜味、增加豐厚度，不同於一般非洲豆的日曬處理會出現的果醬味或是深色漿果氣味。「甜蜜總匯」這支咖啡豆的去果皮日曬處理讓咖啡成品的口感更具有厚度和甜味，整個風味也更圓潤，然後我用適當的烘焙方式，讓這個原始甜味和豐厚度更突顯出來。

STEVEN：非常好喝，這款既是莊園級再搭配調和手法的咖啡喝起來讓人印象深刻！不只咖啡，近年來，威士忌的許多技術和觀念也都正在解放，威士忌的風味不能一成不變，需要更加與時俱進。前幾年，蘇格蘭威士忌產業才通過法規，允許可以使用墨西哥的龍舌蘭酒橡木桶來熟成威士忌，類似這樣的新觀念越來越多了！以往老派飲酒者覺得威士忌必須從頭到尾都在同個橡木桶中熟成才算「高級」的想法在這時代已不再適用，走向多元化的現象就是新趨勢啊，讓人相當期待威士忌產業的嶄新未來，我想咖啡產業也是！●

● 咖啡烘焙大師豆單！

巴西 達特拉莊園「甜蜜總匯」
淺度烘焙
Brazil Daterra Sweet Collection

● 威士忌執杯大師酒單！

齊侯門・塞內
單一麥芽威士忌
Kilchoman Distillery,"Sanaig"
Islay Single Malt Whisky

百富12年雙桶
單一麥芽威士忌
Balvenie DoubleWood 12
Years Old Single Malt Whisky

3

台灣威士忌與台灣咖啡

這章我們聊…
Let's Talk About...

威士忌的濃醇香和雅緻香？

台灣威士忌是果醬系、果汁系？

大管才香？關於大分子香氣

3.1 台灣威士忌的風土味道

STEVEN：台灣目前有兩家威士忌酒廠，一家是噶瑪蘭酒廠，一家是南投酒廠，雖然都在台灣這塊土地上，但兩家酒廠的風格截然不同，甚至可以說它們根本相反。噶瑪蘭酒廠偏向「濃香醇」的風格，南投酒廠則是比較低調不張揚的風格，我覺得無論是哪家，都如實記錄了宜蘭跟南投不一樣的風土條件。

早期參觀這兩家酒廠的時候，我最常問的就是Angel's Share。一般來說，威士忌在橡木桶裡熟成時，只要當地氣候越炎熱、酒液逸散到空氣中的速度就越快，熟成速度也越快。我記得那時得到的數據是噶瑪蘭8%，南投酒廠6%，或許是因為環境溫度、氣候濕度，又或是日夜溫差所致，使得兩家酒廠的Angel's Share呈現如此的差距。拜訪南投酒廠時，他們曾說過廠區所在地的日夜溫差沒那麼大，以致於熟成速度比較緩慢；在日夜溫差較大的宜蘭，威士忌的熟成速度就不同了，我們可以從噶瑪蘭威士忌的顏色發現它偏屬「濃香醇」的類型，代表當地環境使得酒液熟成速度似乎更快一些。

這兩家酒廠都有用雪莉桶做威士忌，大家可以實際品飲比較看看，就能知

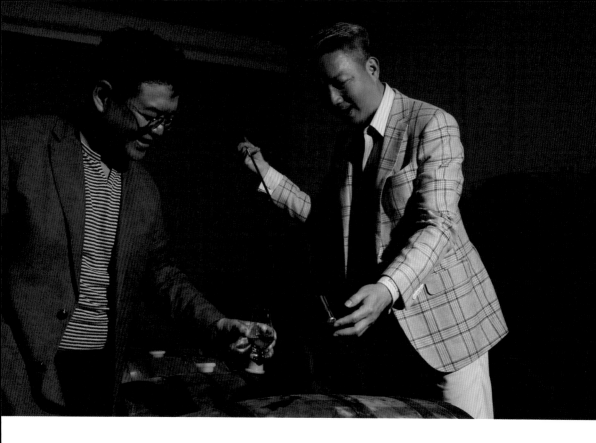

道風土條件影響威士忌熟成度的差異性。我們對於噶瑪蘭酒廠的印象大多來自單桶的雪莉桶，但層豐雪莉三桶是基本款40%，相較於一般大眾認知的噶瑪蘭雪莉單桶，層豐雪莉三桶的酒液顏色沒那麼深，這才是合理的顏色。很多的威士忌愛好者會覺得「濃香醇」才是好的威士忌，但是我喝了全世界這麼多的威士忌，我更偏好威士忌能忠實記錄不同國家、地區的氣候、風土特色，每家酒廠的威士忌就該擁有不同味道，好壞誰來分說？誰說木訥寡言的人就是活得比較不精彩的人，誰說長袖善舞的人的生活才算豐富？這兩者只是生命的表現形式不一樣而已。或許我們可以找到和自己性格相對應的威士忌氣味而喜歡上它，但是不需要用自己喜好的偏見來看待所有的威士忌，因而讓自己失去的比得到的更多。

這兩家酒廠各有擁護者，無論是哪家都擁有亞熱帶國家的風土特色，只是製酒者的想法和表現方式不同，James 你覺得呢？●

JAMES：層豐雪莉三桶的風味很明顯是台灣大多數人會喜歡的，而南投酒廠的雪莉果乾相對來說，風味更平衡、味道也比較多。若以咖啡豆處理法來比喻的話，噶瑪蘭酒廠像是日曬豆，南投酒廠比較像水洗豆。

進一步以烘豆師角度看，我也覺得台灣人的飲食習慣喜歡濃烈、甜、飽滿的味道，難怪不管喝威士忌或喝咖啡，大眾傾向追求重雪莉或厭氧日曬，它們都屬於大分子香氣。在我們咖啡界的用語會說味道比較大管，屬於大分子香氣，就是味道很濃烈、容易辨認，一打開就能聞到，可是比較不會飄逸出去。能夠飄逸的香氣分子是比較小的，因為重量輕、能飄散出去，只需搖一搖杯子，就算離遠一點仍能聞到味道，不過再離遠一點就聞不太到了。我打個比方，噶瑪蘭層豐雪莉三桶像是聞果醬，南投酒廠的雪莉果乾則有點像是聞果汁的感覺，它們一個比較濃沉，另一個比較輕盈。●

台灣威士忌「濃醇香」的原因

STEVEN：我也覺得噶瑪蘭威士忌的果醬味道非常重，有滿滿的果香味，口感也是，而且偏向深色水果，甚至非常成熟，幾乎達到果乾的級別了。當然南投酒廠這支仍有果味，但是果味偏向於新鮮水果，甚至有點果皮味，還帶有一點木質調性、草本的氣味。南投酒廠的 OMAR 威士忌雖然命名雪莉果乾，但我覺得它還略帶一點茶香味，偏向於紅茶的茶香、重發酵的烏龍茶味，不是全然都是果味。所以我可以理解大家形容南投酒廠威士忌的層次比

較多，就是把木質調、花香調、果香調、香料味⋯全部融合在一起，若把不同調性放到不同象限上看的話，南投酒廠威士忌風味的整體集中度沒有噶瑪蘭酒廠這麼高，但它象限的廣度卻是比較寬的，兩者風味結構大異其趣，每個人可以針對自己喜歡的類型，挑選自己偏好的那款威士忌。我很好奇，如果是James你用這兩家酒廠的威士忌分別做調飲設計的話，會怎麼做？●

JAMES：若以這兩款威士忌分別做調飲，如果想強化果醬味的時候，我會用噶瑪蘭的層豐雪莉三桶，因為味道屬於大分子、較大管的氣味，它的味道厚重，拿來搭配清淡細緻的咖啡會被壓過去，所以用量不用多，主要呈現它果醬果乾的氣味，建議搭配中度烘焙、口感豐厚的拉丁美洲咖啡豆，因為搭配重烘焙咖啡的話，則有點像深色顏料加深色顏料，整體來說可能不見得令人愉悅。

至於南投酒廠雪莉果乾的整體味道比較細緻，應用上是比層豐雪莉三桶更廣的，因為細緻風味可以彼此加乘或對話，用南投酒廠這支會很好表達。●

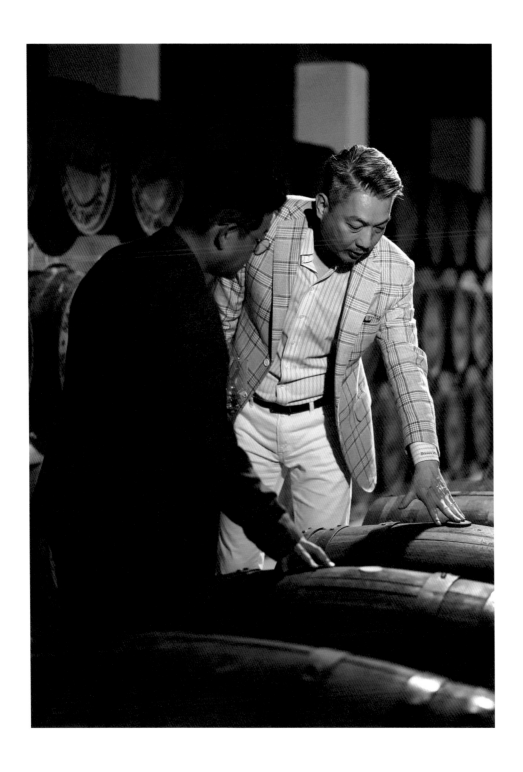

3.2 台灣咖啡的風土味道

JAMES：剛才聽Steven說台灣威士忌的特色，我也想聊聊台灣咖啡。國外朋友常會問我：「台灣咖啡有什麼特色？台灣咖啡可以喝到什麼不一樣的東西？」我會形容說：「在台灣咖啡裡，你喝得到台灣人堅毅的民族性或個性，而且很有彈性、充滿創造力」。舉個例子，像在南投國姓鄉有個小咖啡園，它叫「百勝村」，這咖啡園的主人蘇春賢先生買了一個山頭，他的心願是在山上種咖啡，可是買下來才發現那個地方其實不太適合種咖啡，因為農地海拔只有400多公尺，這麼低的海拔通常只能種植羅布斯塔豆，就是罐裝、即溶咖啡使用的粗壯豆品種，它的咖啡因是阿拉比卡品種的兩倍，味道比較粗糙一些，通常不太好喝。羅布斯塔種咖啡較適合種植在低海拔地區，它的優點是產量大、抗病蟲害的能力強，很容易就能量產，像百勝村咖啡莊園的海拔就很適合種羅布斯塔豆。

來自低海拔的阿拉比卡咖啡

但非常特別的是，蘇春賢先生其實想種高品質的阿拉比卡咖啡，不過阿拉比

卡咖啡需要生長在日夜溫差大、海拔夠高的地理環境，以台灣海拔來說，最適合種的地方是阿里山，大概海拔1200公尺，日夜溫差才夠大，種出來的咖啡豆就像高山水果一樣特別美味。但蘇春賢先生充分發揮台灣人「人定勝天」的精神，他絞盡腦汁、想遍所有方法只為了種出理想中的咖啡。首先，他試過各種肥料，想說給咖啡吃好一點，用各種自己手工調配的肥料進行灌溉，另外還試過給咖啡喝養樂多，種植過程中做過非常多創新試驗，很花錢的。

位於南投國姓鄉的百勝村咖啡莊園，莊園主人蘇春賢（圖右）成功種出好品質的阿拉比卡咖啡。

不僅如此，他也嘗試做過厭氧發酵，就是裝豬飼料的那種藍色塑膠桶，把咖啡豆放進去密封，抽掉所有氧氣，讓咖啡在缺氧狀態下進行發酵，完全是土法煉鋼。他用台灣人的堅毅精神長年研究之後，真的被他找出如何在低海拔地區也能種出高品質的阿拉比卡咖啡的方法，他種的咖啡豆帶有杏桃、焦糖、熱帶水果香氣，真的很好喝，也受到不少台灣人的喜愛，再再證明了只要有方法克服，就算是低海拔咖啡豆也能擁有豐富美麗的香氣。2015年6月，蘇先生把自家種的咖啡豆送美國CQI評鑑，獲得84.92高分，每次他跟別人說自家豆子是在低海拔地區種出來，都沒有人要相信。

Fika Fika Cafe長期販售百勝村的豆子，有些海外的咖啡迷來訪，我們就用這些咖啡豆沖煮給他們喝，然後請對方猜猜看這個咖啡豆的生長在海拔多少公尺，通常對方會猜至少1000多公尺，我公佈答案其實是在海拔不到500公尺的地方時，每位外國朋友都驚訝得合不攏嘴，然後再告訴他們這款咖啡豆背後的故事，這就是台灣人的精神。像Steven你說台灣威士忌擁有人的味道、人的成分、人的個性，進而影響威士忌的風味樣貌，我覺得最有趣的就是這點，咖啡也是。

百勝村咖啡莊園還有一個特殊之處，它們從栽植咖啡、處理咖啡、甚至到烘焙、沖煮品飲都是「一條龍」喔！如果在咖啡採收季節到訪，你可以體驗採摘咖啡漿果、觀看咖啡處理、完整的烘豆過程，然後在現場品飲咖啡，是非常獨特的咖啡園。全世界像這種「一條龍」的咖啡產地非常非常少，因為一般在咖啡產地沒辦法烘豆，也沒有咖啡館讓你在現場坐下來直接品飲。有些國外的咖啡產地，你體驗完採摘咖啡漿果後，可能得開車6個小時才能到城市裡找到一間小咖啡館，看看有沒有機會喝得到當地咖啡，但通常也喝不到，因為好豆子通常早就出口到別的國家去了。但在蘇春賢先生的咖啡園裡，你可以當天早上

採摘咖啡漿果、當天中午看他怎麼處理，並且品飲現煮咖啡，全世界只有台灣可以這樣，真的非常有趣，應該來推廣這方面的觀光。

 咖啡烘焙大師豆單！

 台灣 南投國姓鄉「百勝村」咖啡農園
淺度烘焙

威士忌執杯大師酒單！

噶瑪蘭層豐雪莉三桶
單一麥芽威士忌
Kavalan Triple Sherry Cask
Single Malt Whisky

 OMAR 單一麥芽威士忌
一雪莉果乾（南投酒廠）
OMAR Single Malt Whisky
（Sherry Type）

COFFEE×WHISKY
TOPIC

4

威士忌&咖啡的花香調

這章我們聊…
Let's Talk About...

發酵和蒸餾過程為威士忌帶來的花香調

咖啡品種本身的花香調

利用烘焙手法保留花香

如何欣賞淺焙咖啡的酸感

4.1 威士忌的花香調從何而來

STEVEN：這一講，我想和James聊聊花香調的形成。製作威士忌時，有幾個重要工序都會讓酒液出現花香調，第一個工序是蒸餾時的糖化過程，以米來舉例，一般生米是很硬的，全是澱粉質，咬得太用力時，牙齒甚至會崩掉；但如果把半透明的米煮熟並靜置乾燥，米變成白色的乾飯，咬起來變得鬆脆，甚至很容易粉碎，吃起來就是甜的，為什麼？因為從澱粉轉變成糖了。透過大麥發芽的過程，將澱粉轉化為糖，把它烘乾，就由原來的大麥粒變成麥芽，類似把米粒變米飯的概念。麥芽先被磨碎，再加熱水至帶有甜味的麥芽細粉裡，糖分就融進水後再進行萃取，這個過程就稱為「糖化」。如果糖化速度很快，麥芽糖水的狀態容易混濁，蒸餾出來的新酒就有較多堅果般的味道，也就是Nutty Flavor；如果糖化速度慢一點，麥芽粉與水融合速度變慢、味道緩慢釋出，在自然澄清分離的情況下，麥芽糖水外觀比較清澈，澄清的麥芽糖水在後續製程中就會出現花香調。不過，我以往拜訪蘇格蘭威士忌酒廠的時候，只有少數的製酒者會深入分析糖化的製程，並提到混濁和澄清糖化如何造成風味上的差異就是了。

想要得到花香調的威士忌，每個製程都必須控制得非常精準，其中包括用

水。蘇格蘭的製酒者如果希望威士忌中有更多的花香調，他們會刻意使用硬水到發酵跟糖化過程，讓水中的礦物質和微量元素發揮作用。不過，硬水和花香的關聯沒有絕對的正相關，到目前為止，蘇格蘭威士忌產業也沒辦法提出硬水一定會造成花香調的證據，但有些酒廠的確會刻意使用硬水製酒。

發酵和蒸餾過程為威士忌帶來的花香調

第二個會出現花香調的製程是「發酵」，發酵又分成「一般發酵」跟「長發酵」。一般來說，威士忌的發酵於48個小時左右就完成了，可是有些酒廠的發酵時間長達85個小時或120多個小時，多出來的時間會讓乳酸菌介入，此時就會進入第二階段的「乳酸菌發酵」。乳酸菌通常藏在發酵槽內壁的縫隙中，當強勢的酵母菌發酵結束進入休眠，乳酸菌就接手下一步的工作，乳酸

菌發酵有點像是葡萄酒的蘋果乳酸菌發酵一樣，賦予了花香調和果香調，會讓威士忌的口感更加圓融。

第三種可能性則是「緩慢蒸餾」。因為低溫的緩慢蒸餾似乎能讓酒液的展延性更高，換言之，就是本來擠在一起的氣味被分開更多的層次了，所以取酒心時，如果酒廠想要這個味道的話，就可以更輕易擷取到有花香的酒心。通常，二次蒸餾出來的酒心在68％、69％都有，但如果可以拉到72％或是更高的酒心，花香味就更容易出來，甚至是穀類威士忌連續式蒸餾的80％、90％酒心，也容易出現優雅細緻的花香調。

當然，橡木桶也很重要，如果橡木桶熟成時偏向使用波本桶，蒸餾時留下來的花香調會比較不容易壓抑掉。不過，有些雪莉桶熟成仍能保留花香調的氣味，只是桶子氣味不能下得太重，最好是Refill的二手雪莉桶，比較容易留住那樣的味道。除了緩慢蒸餾，減壓蒸餾也可以保有更多的花香調，因為把蒸餾的壓力降低以後，沸點相對較低的香氣就容易被蒐集，而不會因為高溫蒸餾，使得味道就很容易飄走了，所以有些蒸餾廠會有減壓蒸餾的技巧，一樣可以保有更多花果香。

以我個人經驗，蘇格蘭低地區的三次蒸餾特別容易找到花香調，因為蒸餾出來酒精濃度高達80％。蘇格蘭低地區傳承了愛爾蘭三次蒸餾的技術，後來，蘇格蘭威士忌幾乎全都改成二次蒸餾，因為三次蒸餾費工費時，之前有做的酒廠差不多全倒光了，老饕都說那些倒掉的酒廠們做的威士忌是夢幻逸品，是消失的亞特蘭提斯大陸，透過三次蒸餾保留更多花香調的酒廠，一家是玫瑰河岸（Rosebank），一家是小磨坊，在老饕之間口耳相傳，小有名氣。我還曾經喝過有濃郁花香調的歐肯，印象中在2009年的時候，台灣辦第一屆

Whisky Live威士忌博覽會那次，在歐肯的攤位上，當時的調酒師從國外原廠帶了一支19年原桶強度的波本桶酒廠限定版，換言之，酒是從桶子裡抽出來直接裝瓶的，有著非常漂亮的花香調。但為什麼歐肯在市面上的一般品項卻沒有花香，我覺得可能是每位調酒師希望透過調配抓出來的主軸味道不一樣，所以現在歐肯的花香調沒有那麼清楚。我認為在本質上，歐肯也可以做出具有花香調的威士忌，因為三次蒸餾本身就具有這樣特色的可能性。

　以上是我歸納出威士忌會出現花香調的幾個原因，當我想尋找喜歡的花香調時，會往這幾個方向去尋找酒款，總而言之，對威士忌來說，用水、糖化、發酵以及最後蒸餾的技術缺一不可，並非單一因素就會出現花香調。在咖啡的製程中，若想要找到花香調時，該從哪些地方下手呢？●

4.2 咖啡的花香調從何而來

咖啡品種本身的花香調

JAMES：花香調也是我們咖啡迷追求的、最喜歡的味道之一，漂亮的花香味在咖啡裡出現的話，通常意味著「很貴」，因為花香是最好的咖啡豆才會具備的特色。那怎麼樣才可以出現花香呢？第一個是生長的海拔一定不能低，可是也不是一味地往越高海拔越好，因為要看當地緯度和雪線。假如海拔高到冬天會結冰的話，咖啡豆容易受傷，所以不能是結冰的氣候環境，但盡可能該冷的時候要冷且溫差大，所以通常有著漂亮花香味的咖啡，它種植的海拔都不會太低，例如1800公尺左右，甚至更高。

第二點是咖啡品種，有一種品種天生有白色花香調，就是現在火紅的藝伎（Gesha，又譯為「瑰夏」）這個品種。它最早發源在衣索比亞，但在巴拿馬發揚光大。巴拿馬有一個農莊叫做Jaramillo，農莊裡有種咖啡樹長得很高大、抗病力很強，但生產出來的果實產量很少，比較不具經濟效益，於是農民把這些咖啡樹種在咖啡園四周，當成防風林那樣種一圈，裡面再種植產量比較高的咖啡樹種。1996年時，這個農場賣給別人了，接手的「彼得森家族」把

這個農場生產的所有咖啡豆混合在一起銷售，彼得森家族擁有好幾個咖啡農場，他們發現唯獨 Jaramillo 這個農場生產的咖啡帶有一股特別的茉莉花與柑橘氣味，但是其他農場產的咖啡豆卻沒有這個味道。這並不是巴拿馬咖啡常見的風土味道，所以他們想找出原因，彼得森家族為此做了一個測試，把 Jaramillo 農場裡不同區域採收的咖啡豆分開獨立杯測品嚐。最後很驚訝地發現，這股獨特的花香味居然來自於農場外圍的「防風林」咖啡樹所結的果實，因為它產量很低，以往都不會單獨販售，他們嘗試把這個防風林樹種單獨採收處理，然後以「翡翠莊園（La Esmeralda）」命名，送去參加巴拿馬每年一度的咖啡豆競賽——巴拿馬最佳咖啡BoP，Best of Panama。2004年，他們一出手就得了冠軍，之後連續四年都是全國冠軍，到第五年就脫離全國競賽，變成獨立競標了，直接讓翡翠莊園的咖啡讓全球的買家競標，價格也一再創歷史新高。

後來，有更多人想知道為什麼當成防風林的咖啡樹所生長的咖啡豆能那麼香，有茉莉花香、柑橘香…等細緻的香味，後來發現原來這是被人們忽視許久的老品種，這個品種發源於衣索比亞，並不是新品種，只是一直被忽略掉，因為衣索比亞咖啡品種太多了，直到今日還有極大量的咖啡品種還未被造冊、沒被商業化。

自從藝伎（瑰夏）從此爆紅之後，彼得森家族把新買的Jaramillo農場統一改名為「翡翠莊園」，每年舉辦網路競標，非常火紅。題外話，其實它的中文不應該叫藝伎，只是因為它原始發音Gesha跟日文藝伎發音Geisha相似，很多人直接翻譯為「藝伎」。其實它的拚法在衣索比亞沒有i，是Gesha才對，但約定成俗後就變成通用名字了。它有個很美的中文翻譯名稱叫做「瑰夏」，頂級巴拿馬瑰夏咖啡擁有漂亮的花香味，後來世界各地紛紛也導入栽種，在拉

丁美洲的哥倫比亞、宏都拉斯…等地也有種植，現在很多地方都生產瑰夏品種。但這就很有趣了，因為各地的風土、水質、氣候都不同，所以就算是一樣的品種，在其他地方種植出來的，不見得能呈現原本的茉莉花香味。瑰夏這個品種在台灣也有人種，種植地是阿里山，種得非常好，它的小白花味道與巴拿馬不同，其實就像台灣威士忌，豆子味道比蘇格蘭飽滿、濃郁，這就是風土的味道。

STEVEN：前幾年，我有位朋友在這一波瑰夏熱潮中，很認真地去競標最頂級的咖啡豆，然後約了三五好友固定到一間咖啡館，請專業咖啡師專門沖煮給我們喝。我們一個下午就可以喝到7、8杯不同的咖啡，其中喝到最貴就是翡翠莊園的瑰夏，而且據說是冠軍，那真是我喝過最驚豔的咖啡。我曾喝過一杯瑰夏，似乎不是排名前五名的瑰夏，但那一支咖啡展現出來的甘菊花香仍然十分嚇人。因為咖啡師將烹煮完後的咖啡粉倒在吧台水槽旁的袋子裡，我總覺得有不明來源的甘菊花香瀰漫在整間咖啡館裡，我甚至為了找這個香味來源跑去廁所，懷疑是廁所裡的芳香劑味道散到咖啡館裡頭。後來找了半天，才發現香味來自吧台內的水槽，因為我剛好就站在吧台水槽前面，就是放咖啡粉的地方，真的太香了，香到難以置信。

剛才我說喝到那杯獲得冠軍的瑰夏呢，又和甘菊花風味截然不同了，它不像甘菊花那般熱烈的感覺，反而是種冷冽的感受，咖啡入口後給我的畫面是眼中出現一望無際的冰原，在遠遠的冰原上綻放出一朵野薑花，在冷冽的空氣中聞到野薑花的味道，氣味強烈卻是若隱若現的，所以一杯是野薑花，一杯是甘菊花，那是我生命中非常美好的咖啡記憶。

JAMES：我猜你喝到的野薑花那杯應該是水洗處理的，甘菊是日曬處理，確實最好的瑰夏喝起來就是Steven你描述的味道。可是，現在市場上有許多良莠不齊的瑰夏，消費者喝到的瑰夏可能不是它最好的狀況，我常常在上課或演講時勸大家沒事不要亂喝名為「瑰夏」的咖啡，因為踩雷機會很大。

以翡翠莊園來說，瑰夏已經算是A咖第一品牌了，但瑰夏還分成很多等級，第一等級就是剛剛講的全球競標豆，又分為不同批號，價格都很驚人（非常昂貴），第二等級是綠標，第三等級藍標（2021年時取消），每差一個標，它的風味表現都有差距，通常較低等級的栽植海拔也較低，並且可能多批次混合後販售。到了藍標等級，因為已經不夠香了，2021年開始不再有藍標等級，原藍標級豆子與其他農園的咖啡豆混合、並另標上其他名字販售。換句話說，假如你買到號稱是「翡翠莊園藝伎」，但其實有這麼多等級，消費者可

能不曉得這杯花了不少錢、很貴的咖啡，為什麼喝不出特別的風味？我們咖啡領域常有一個現象，就是人們喝不懂又不好意思講，因為怕被笑說你不懂咖啡，但喝不出所以然，心裡就很納悶，但又不好說出口。

S TEVEN：不只是咖啡，在威士忌的世界，我們也都會盲目追求品牌。就像是用昂貴的價格買了一瓶高年份的威士忌，面對不如人意的風味，但為了面子，有時我們還是只能說它讚。

J AMES：在咖啡的領域裡，花香味不僅珍稀且價格偏高，那我有點好奇，在威士忌產業裡，有花香調的威士忌貴不貴？

S TEVEN：不貴，我覺得是時代的潮流正在改變的緣故。在過去的時代，全蘇格蘭第一家合法蒸餾的威士忌酒廠叫格蘭利威，標籤上寫1824年，就是第一張合法執照頒發的年份，當時，所有的製酒者都要拷貝它的味道，格蘭利威就是細緻花香調的代表。它的花香調主要來自於使用硬水，這是一個神秘的過程，因為硬水會介入糖化、發酵、蒸餾…等製程，包括格蘭傑也是使用硬水而出現花香調，但格蘭傑的蒸餾器特別高，蒸餾器高度也會讓比較輕盈的味道被蒐集起來，讓厚重的氣味重新回流，有助於蒸餾出花香調的新酒。

在以前的時代，最細膩的蒸餾方式能蒸餾出最優雅的味道，包括花香調，是最好的、令人珍惜的味道。不過，目前這個時代更重視橡木桶，橡木桶熟成佔據威士忌風味的比重越來越大，加上現在流行重口味，雪莉桶威士忌大行其道，即使我推廣了威士忌知識30年，到目前為止仍有許多消費者迷信「顏色越深就是越好的威士忌」。但其實顏色深不需要透過威士忌的前段製程

和蒸餾系統加持，因為顏色一定從橡木桶而來，或者額外添加進去。如果我們不談額外添加焦糖色素這塊，只談橡木桶對顏色的影響的話，雪莉桶對顏色的影響遠大過於波本桶，難怪大家都偏愛雪莉桶，然而過重的雪莉桶風味卻是最容易把花香調壓抑的主因啊，不過，大家都不在意，這些年最流行的威士忌都是雪莉桶，甚至有些酒廠製作的麥芽新酒中有花香調，卻被它們拿來雪莉桶陳的味道壓抑掉了，為配合市場口味的需要，時間久了，我們喝到的威士忌會不會都越來越像了？如此真的會少了很多品飲樂趣呢。

　　我自己在長久的威士忌探索旅程中，覺得花香調這類的小分子氣味輕飄飄留在鼻腔中，甚至有時候轉瞬即逝，只要感受到那種氣味就覺得莫名感動！我還想再多了解關於咖啡的花香，除了剛才談到的瑰夏，還有哪些花香調的品種讓James印象深刻呢？●

利用烘焙手法保留咖啡豆花香調

JAMES：我很喜歡20年前的耶加雪菲，常有清楚的花香、伴隨著檸檬皮香氣，超明顯的，但現在幾乎喝不到了。耶加雪菲是一個小產區，是西達摩區裡面一個狹長的高海拔地帶，耶加雪菲不大、地形是細長的，可想而之它的產量很少。近20年來，耶加雪菲火紅了以後，全世界都想買，但產區就這麼點大，這情況跟南投鹿谷鄉的凍頂烏龍茶有點像。

在咖啡世界裡，花香味是很珍稀的，因為咖啡本身以烘焙風味為主，所以一旦出現花香味，大家會很驚艷、很珍惜它，通常也是最貴的咖啡豆，才會有滿滿花香。咖啡要有花香，有兩大條件：第一個條件是豆子本身，第二個條件是烘焙。先講烘焙，因為咖啡所有的香味都是藉由烘焙引出來，會帶出三大類風味。第一大類是「酵素作用」的風味，它的小分子較小，揮發性也比較高，包含了花香類、果香類以及草本味，這些都屬於酵素類風味。第二類叫做Sugar brown，就是焦糖化類的風味，像是所謂的焦糖味、巧克力味、核果味，這些就是第二類的風味。第三類風味是「乾餾風味」，乾餾風味就像是油脂的氣味（松香）、一些燒焦的味道（炭），像抽菸的煙屁股味道，這些都屬於乾餾味。在這三類味道中，第一類味道是最難得、最珍稀的，因為揮發性的小分子香味通常存在於淺度烘焙，隨著溫度提高，烘焙度越來越高，這些高揮發性的分子就隨著烘焙溫度高而揮發掉了。所以，通常到了中度烘焙以上，這種酵素作用產生的香氣比例很少，在淺焙的時候是存在最多的。

假如想要花香味的話，必須拿捏好烘焙度和對應的數值，而且是淺度烘焙，然後讓它的酵素作用佔絕大多數，在乾餾作用、焦糖化作用還沒有出現時就停止烘焙，如此就會綻放滿滿的花香、果香，不過豆子本身也要有花香

的條件才行，所以挑選適合的咖啡豆很重要。

　　花香味最豐富的咖啡豆產地，一個是衣索比亞的西達摩區，剛才說過它位於狹長的高海拔地帶——耶加雪菲，這個區域產的豆子一直都有花香味、柑橘味跟藍莓味調性，越高海拔、品質越好的耶加雪菲花香味越明顯，較低海拔的山頭上種的則是柑橘味，已聞不太到花香了。耶加雪菲還有分不同的品質，好的耶加雪菲有著很漂亮的花香，然後再來就是瑰夏品種，它的花香味也很迷人，好的瑰夏豆本身就有很漂亮的白色花香，像是茉莉花香，還有「咖啡花」的花香。

STEVEN：咖啡花的花香是不是像橙類、柑橘類那種小白花的香氣？

JAMES：對，而且非常清香，尤其是瑰夏的咖啡花太香了，還可以摘下來泡花茶，是很優雅的白色花香味。所以好的瑰夏咖啡有咖啡花香、茉莉花香，有時候還會出現一些百合花香，都是這個品種的特殊花香味。耶加雪菲也會出現茉莉花香，但相較於好品質的瑰夏來說沒那麼強烈，好的瑰夏花香是非常非常強烈豐富的，可以很清楚分辨它是哪一種花，甚至有時候會像夜來香那麼濃郁，前提是加上好的烘焙技術才能達成。像巴拿馬的幾個著名莊園，像是黛博拉莊園、翡翠莊園，這些頂尖莊園所栽植最高品質的瑰夏品種就是花香味代表，加上適當烘焙、酵素作用，那麼整杯咖啡就可以飄出滿滿花香，這種花香咖啡在咖啡世界裡是最珍稀、最貴的，更是所有咖啡比賽裡的常勝軍。

STEVEN：James 你剛才說到淺度烘焙較容易讓咖啡保留花香，那麼低溫烘焙跟高溫烘焙的差別是什麼？

JAMES：其實咖啡烘焙並非完全以「低溫」或「高溫」做分類，如果單是以烘焙出爐溫度來看，低溫出爐咖啡是屬於淺度烘焙，可以區分為快火與慢火兩大類型。像日式傳統咖啡店的淺焙咖啡是慢火類型，烘焙時間特意拉得很長，目的是讓豆子在這麼長的過程中盡可能消除酸味，還有剛才說的酵素風味，也全部讓它揮發掉。以往的消費者已經習慣這種不酸的咖啡，所以他們通常不太喝花香、果香味的咖啡（會伴隨酸味），傳統日式咖啡特色是甘醇豐厚，像焦糖化的氣味，還有後面乾餾的味道，就是烘焙程度深到已出現煙燻焦炭味，其實老式的日本咖啡都屬於這種味道，那就是長時間低溫烘焙的風格。在日本還有一種低溫烘焙法，梅納反應剛介入至150～160℃就出爐了，這時候咖啡豆還是生的，外表呈現深黃色，然後把它靜置一個晚上，到隔天再入鍋又烘一次。這方式是讓豆子裡的水分子重新排列，這種作用就會讓酸性降到很低，最終烘焙很低溫就可以出爐，喝起來不酸，但香味會大幅度衰減，變成聞得到香味但喝不到，這種叫做二次烘焙。

在早年的台灣比較流行這種烘焙法，其實到現在也還有，有些老派的咖啡店還是有做，現在日本很多地方仍保有二次烘焙的做法。二次烘焙的咖啡豆表面非常光滑，每一顆都整整齊齊、外觀都一樣，顏色很淺，看起來很美、非常均勻無瑕而且沒有皺紋，每顆豆子表面都像拋光般，賣相很好，而且喝起來不酸。很多人喝咖啡討厭酸味，那二次烘焙的香味一磨開豆子是還聞得到，例如說二次烘焙的非洲豆——耶加雪菲好了，一磨開仍會出現耶加雪菲的花香味、柑橘味，但入口後幾乎喝不到，香氣變得很淡很淡，就是一股烘焙的味道，這種就屬於二次烘焙，是老一輩愛的咖啡口味，現今仍有一群擁護者喜歡。

STEVEN：但是有越來越多的現代人能接受酸味的表現了吧？不管是做菜或調雞尾酒，又或者喝葡萄酒，酸味都太重要了。因為尾韻要長，一定要有合理的酸度，才能讓酒的風味持續不斷變化，就像葡萄酒要經過長時間熟成，沒有單寧酸怎麼能熟成呢？●

適度的酸感，能塑造飲品深度

JAMES：是的，但酸味也分成「好的酸」跟「不好的酸」，因為在英文就有分 Sour 跟 Acidity，烘豆師可以控制咖啡裡的酸，因為大家都不喜歡 Sour，就是入口後會沿著舌頭兩側感受到的酸，甚至會讓人想聳肩縮起來，這種令人很不舒服的酸感讓第一次喝咖啡或較少喝咖啡的人嚇到了，他就說我再也不喝淺焙咖啡了。因為淺焙咖啡太酸了，但其實他喝到的是不良烘焙所呈現的味道，是近似醋酸的味道。

酸味其實是所有飲品，也是好咖啡必備的元素，把酸味完全去掉會很可惜，那就喪失了飲品的豐富性、精彩度，等於少掉靈魂。人們怕喝帶有酸感的咖啡，是因為烘焙做不好，很像在咖啡裡加了醋，是不好的酸。但是烘焙恰當的酸，其實會感覺到很舒服、很熟甜的水果香味，酸味會轉成甜味，甜又轉甘，這就是我們追求好的酸味，可以把層次變豐富，延伸飲品 Body 的深度，這個很重要。好的酸味再伴隨剛剛說的「酵素作用」產生的花香、果香的話，那就是一杯很精彩的淺焙咖啡了。●

STEVEN：既然說到花香，就我們來喝喝看來自低地區最有可能出現花香味的歐肯。不過，現階段市面上的品項比較不容易喝到花香味，因

為調配過程多半會添加一些雪莉桶威士忌。歐肯賣得最好的威士忌品項是三桶，就是顏色非常深非常重的雪莉桶風味。我今天帶來給James品飲的這支歐肯是1公升裝的免稅市場特殊版，它是百分之百的首次裝填波本桶，試試看這支三次蒸餾，加上來自最有可能出現花香的低地區，而且不是用雪莉桶熟成，看看會不會有花香的味道。◐

J AMES：我覺得它喝起來很清爽，有著非常清楚的香草味、花蜜感，還有一股奶油味。◐

讓威咖老饕著迷的特殊風味

S TEVEN：蘇格蘭的低地區近年新開了很多酒廠，包括已經倒掉又重新復廠的，我尤其想拜訪心目中擁有最多花香調的玫瑰河岸，了解一下復廠後的玫瑰河岸麥芽新酒中是不是有著含苞待放的玫瑰花。這些年新開的酒廠都非常具有實驗性，有一家威士忌中甚至有草莓味，在威士忌蒸餾的過程中能做出草莓味是非常特殊的，真想了解一下它製程的秘密。

一旦品飲的經驗累積到一個程度，就會想發掘更多有趣的味道，特別是製程本身產生的味道。就像我們喝魁列奇單一麥芽威士忌，它有很清楚的硫味，絕大多數蘇格蘭威士忌的煙硝硫味都來自於橡木桶，那是為了運輸雪莉桶或葡萄酒桶，額外添加二氧化硫幫助防腐，所以污染了橡木桶。但老饕們真正喜歡的硫味是蒸餾製程產生的硫味，發酵過程因為蛋白質轉化的清淡硫味，透過蟲桶冷凝控制銅對話的程度，這些都在製程中被保留下來。而這些硫味在威士忌長時間熟成的過程，讓酒液風味疊加，造成更豐富飽滿、更有層次的氣味。

製程中產生的硫味會隨著長時間的熟成，被橡木桶味道平衡而就不見了，較年輕的酒液會有比較強烈的硫味，但一般人也喝不太出來，只覺得這支威士忌風格很特殊、很複雜，但這才是老饕們真正喜歡的味道。喝過32年魁列奇老酒的威士忌老饕就會發現，它整個層次跟飽滿程度遠遠壓過許多麥芽新酒做得比較乾淨的老酒，就像有些人是年紀漸增越有味道。但這個也不是對與錯的問題，以人做比喻，有些人年輕時就很傑出、受歡迎、循規蹈矩，但是有一些人需要長時間驗證，可能他年輕時很多堅持、很難搞、不好溝通，而且脾氣特別臭、總是想得太多，但隨著歲月累積，慢慢地人變得圓融了，那些不媚俗的堅持可能到了50、60歲反而變成了智慧，就像威士忌一樣。●

JAMES：其實咖啡也是一樣，有些味道一體兩面，它可以用不好的、討厭的面貌出現，卻也可以變成大家喜歡的迷人面貌。●

咖啡烘焙大師豆單！

肯亞 AA TOP 淺度烘焙
Kenya AA Top
（可以品嚐到迷人酸香的咖啡豆！）

威士忌執杯大師酒單！

歐肯三桶
單一麥芽威士忌
Auchentoshan Three Wood
Single Malt Whisky

魁列奇13年
單一麥芽威士忌
Craigellachie 13 Years Old
Single Malt Whisky

COFFEE×WHISKY

TOPIC

5

威士忌&咖啡的特殊風味

這章我們聊…
Let's Talk

5.1 有個性的泥煤味及煙燻味

J AMES：通常聊咖啡或威士忌，我們不免會討論各種香氣調性，像是果香調、花香調…等，但是喝咖啡和威士忌這麼久了，我反倒對於特殊風味更有興趣，想和Steven聊聊一直以來很喜歡的煙燻味、泥煤味…像這類比較有個性的味道。

咖啡與威士忌的獨特煙燻味

先講咖啡的部分好了，咖啡的煙燻味（Smoky）是很迷人的，就像煙燻鮭魚、培根啊，這類是可以透過控制的煙燻味，好的煙燻味會讓咖啡的整個味道更豐富、層次感更好，餘韻更綿長，喝完後無論鼻腔口腔都充滿香氣，其實跟威士忌的泥煤味有點類似，因為喝完後有某個氣味會圍繞在鼻後嗅覺，我會形容那很像抽完一口雪茄的繚繞感。以咖啡來說呢，好的煙燻味會讓人感覺很舒服、是延續感的來源。

不過，也有不好的煙燻味，咖啡裡有一種類化合物叫做「酚」，它在長時間

的高溫烘焙下會轉化成「癒創木酚」，它就屬於讓人感覺不舒服的煙燻味，這個煙燻味一旦出現的話總讓人皺眉頭，因為這個化學物質主要是拿來做消毒跟麻醉藥用的，所以你可以想像那個味道很刺鼻。若用不當的方式烘焙咖啡豆，尤其是長時間高溫烘焙下，就會出現這個味道，雖然也是煙燻，但它是大家不喜歡的煙燻味。

STEVEN：其實在威士忌當中也有癒創木酚這個物質喔，而且也是透過高溫加熱而來，一般是烘烤麥芽過程中所產生的。以往在艾雷島製作威士忌時，當地人會用泥煤炭高溫燻乾麥芽，使得癒創木酚的氣味進入麥芽裡，才出現強烈濃郁的味道，所以通常來自艾雷島的威士忌總能喝到像消毒水般的味道，而這個味道也不是人人都喜歡。

不過，煙燻味不只有一種形式，像坎培爾鎮以往做的威士忌也有一些煙燻味，當地最有名的是雲頂Springbank，但它的煙燻味不是我們平常認知的艾雷島泥煤炭味，他的煙燻味屬於硬漢風格，可不是消毒水和正露丸般的味道，比較像是高地泥煤炭所燻出來的氣味，硬而不騷，像這樣的煙燻感再加上PX雪莉桶的複雜性就非常獨特，以人來比喻的話，可能像熱愛健身、肌肉緊實的女性，不是柔弱甜甜的軟妹子。

但我常覺得這樣的酒沒有辦法大眾化，因為大眾比較喜歡雪莉桶下得非常重，然後喝起來是軟軟、嫩嫩、甜甜的，酒質細膩且順口易飲的。像這種喝起來有點像男子漢的酒款，相對來說，它就無法跟順口直接聯想在一起。即便它加了 PX 雪莉桶增加複雜的甜味，但有時候複雜的風味在人們口腔中反而呈現一種龐大而有壓力的感受，會有點高深莫測，像James說的品飲之後會皺眉頭，反而不是順口。但是老饕們就喜歡這樣的東西，因為我們會不由自主在品飲過程中進入「柯南」狀態，想要破解分析這個味道到底從哪裡來，反而能滿足老饕們的期待！如果我們喝威士忌只追求順口的話，就會錯過很多有意思的美感體驗。●

咖啡的煙燻味原因

JAMES：這種有個性的煙燻味我也喜歡！接下來我想請Steven喝喝看這支南義「藍洞」，屬於深度烘焙、有迷人煙燻味的豆子。它和泥煤味威士忌一樣，不是那種很溫和的、很容易入口的類型，它的煙燻味是我們刻意在烘焙過程中調整烘焙曲線（Roast Profile），使咖啡呈現出剛剛好的口感厚度與燻香味。

通常在淺度烘焙或中度烘焙較少喝到煙味，煙味屬於一種瑕疵，可能是烘焙機阻塞或烘焙過程有問題才會喝到到煙味。但這個形成煙燻味的方式完全不一樣，是經由人為控制，烘焙出烘豆師想要營造的南洋紅木味、紅棗乾果味。

STEVEN：嗯，這款咖啡的香味很迷人啊，有種八寶粥裡的龍眼乾味，也像是小時候吃的燉紅棗甜湯，類似那種果實味。一般紅棗是乾燥後再去燉，它的紅棗味除了帶有深邃的果實味之外，還有些許木質調。

JAMES：沒錯，因為這個烘焙方式的煙燻味會引出甜味，前面是煙燻味，後面是很綿長的甘甜味，這跟艾雷島威士忌味道有一點異曲同工之妙，因為我常常喝了艾雷島威士忌後之後覺得特別甜，不曉得是不是同個原理？

威士忌的煙燻味原因

STEVEN：我之前有一些朋友他們喜歡抽雪茄，會用艾雷島威士忌來搭雪茄，因為他們說這樣搭配起來比較甜。但事實上雪茄沒有甜味，它純粹是艾雷島煙燻味帶出威士忌的甜感。

說到煙燻，還一部分的煙燻味是透過烤桶產生的。這些年來，威士忌的世界越來越豐富跟多元，所以也增加了各種不同工序的加入，像現在流行一種工序叫STR，重新把橡木桶內緣刨一刨，然後烘烤，除了可以把原本橡木桶裡的雜味刨掉之外，同時也能將橡木桶的狀態復新；像葡萄酒桶運輸時添加二氧化硫的味道，就是透過刨桶重新烘烤去除。

既然都做STR了，是不是也可以控制烤桶的程度來形成不同的煙燻味呢？的確可以的。像有一些美國波本威士忌就會標明烤桶程度，他們叫炙燒（Char），一般來說，威士忌產業的烤桶分成兩種，一種是烘烤（Toast），一種叫作炙燒（Char）。Toast有點像是烤吐司一樣，是用紅外線的方式加熱，加熱速度很慢，需要烤幾十分鐘甚至半個小時，然後紅外線會深入橡木桶，帶出更多焦糖味。

至於Char，就是在橡木桶裡放一把大火，快速讓整個橡木桶內緣焦炭化，時間以秒來計算，而不是以分來計算的，基本上「Char」的過程不到1分鐘。如果炙燒數值到達某個臨弱點，就會出現Char No.4，所謂No.4的程度就是木頭表面出現像鱷魚皮的裂紋，稱為Alligator Char，其實還有更焦的，不過一般會擔心帶給威士忌太多焦苦味，所以蘇格蘭威士忌通常不會使用烘焙到這麼深的桶子。●

J AMES：之前聽說過這個燻桶、烤桶也會增加甜味，烤得越深會讓威士忌越甜，是真的嗎？

S TEVEN：那個就是來自於Toast，而不是來自Char，因為木材本身還是有糖分在裡面，用紅外線可以深入木材的肌理，讓裡頭的糖分焦糖化，所以在威士忌熟成的過程中，酒精就會把裡面的焦糖萃取出來，而產生甜度。

威士忌裡的淡雅幽微鹹味

J AMES：原來是木材本身糖分也被焦糖化的緣故！除了煙燻味，我覺得威士忌裡的鹹感也很有意思，它的形成原因又是什麼呢？

S TEVEN：品飲某些威士忌時會有淡淡鹹感，那是和環境對話而產生的，通常是建在海邊的酒廠，他們製作的威士忌或許會讓人感受到一絲鹹味，或聯想到海味。就像蘇格蘭本島北高地的威士忌，這家酒廠在海邊，海風帶來了鹹感，通常長時間住在海邊的人會發現自己的皮膚舔起來有鹹鹹的感覺，就類似這樣的感覺，海風的鹹普遍存於海邊的空氣中。讓威士忌在靠海的酒窖中長時間熟成，那個味道彷彿就真的跑進酒液裡，這就是在環境中耳濡目染的結果，威士忌跟環境裡某些氣味產生交流跟對話了。

製作威士忌時不可能加鹽，所以非要在威士忌裡面找到氯化鈉的物質是不會有的，你雖然會感覺到淡淡鹹味，但那是非常非常淡的。很多人問我為何描述威士忌時會說「有鹹感」，覺得很疑惑，他們都誤以為我喝到加鹽的鹹

味，事實上不是，那種感覺非常淡雅，甚至淡雅到喝不太出來。有趣的是，那種淡雅的鹹感反而襯托出威士忌原有的甜味，就像是我們吃美食的時候會加上薄薄的鹽，食材反而出現更甜美的感覺。

　　這支富特尼12年單一麥芽威士忌來自蘇格蘭本島海邊的北高地酒廠，它是間小酒廠，不是那種大集團會把所有旗下酒廠的橡木桶移到本島一處集中去熟成，它是直接在酒廠旁的酒窖熟成，而且是百分之百的波本桶陳年，沒有強大的雪莉桶風格會把這支酒獨特的氣味給壓掉。我一開始喝這支威士忌的時候，感覺到伴隨鹹感帶來的焦糖甜香，有一點爆米花的味道，富特尼酒廠蒸餾這支酒的時候，它是二次蒸餾，蒸餾出來的酒心大約70度，而不是三次蒸餾蒸出80幾度，所以會保留更多原來穀物的味道，風味就比較複雜強烈。●

　　JAMES：哇，真的有鹹感，而且這個鹹感非常清楚，鹹感還連結了奶油味，同時我也非常喜歡波本桶這種香草焦糖的味道。●

　　STEVEN：哈哈，英雄所見略同！我很喜歡威士忌談風土的直白，像這支酒就很清楚在酒標上寫它來自海洋。這種用鹹感吊出來的甜味有時候反而更美味。像我在家做菜的時候，僅用鹽調味而已，再用香菇或昆布把鮮味提出來，而且鮮味足夠的話，就不需要加那麼多鹽。以前在外面吃飯，如果店家的料理加很多味精，鹽也會加很多，就是為了調整味覺感受上的平衡。但一般人在家做菜，只用香菇或昆布去熬出鮮味，屬於淡雅風格，相對來說，鹽量就算不多也足以產生豐富的味道，就像富特尼這支酒有非常細緻的海味、細膩的鹽味，讓整個威士忌甜感變得非常飽滿，而且跟純粹的甜感是截然不同的。

我想再補充一點，一般威士忌的煙燻味來自於麥芽，但這支威士忌沒有使用泥煤炭做煙燻。其實，當我們了解蘇格蘭威士忌產業的時候，就會發現有些人們常說「這支酒沒有泥煤」，但事實上蘇格蘭99％的威士忌都有些許泥煤味，只是泥煤添加的量非常低。有點像畫龍點睛，只為了用來增加一支酒的層次感和豐富度，所以很可能只有一個ppm的泥煤炭濃度，相當微量。換言之，它們使用麥芽的時候，可能只將很小部分的煙燻麥芽混進完全沒有煙燻過的大量麥芽中，所以它們不會特別強調這支威士忌是有泥煤味的，因為這樣的泥煤味不符合人們的「期待」，但風味卻因此豐富了，就像旨味（鮮味）的感覺。●

　　JAMES：你說蘇格蘭99％的威士忌都有些許泥煤味，這件事是去酒廠時發現的嗎？●

　　STEVEN：沒錯，我是在格蘭傑酒廠聽調酒師說這件事的。我第一次的酒廠之旅是去格蘭傑，那年在酒廠工作了7天，每天待在不同的製程室裡，研究威士忌每一個製程運作的細節，和酒廠的專業職人們聊了很多，也有去推笨重的橡木桶，完整認識了酒廠裡一整天辛苦工作的內容，甚至還進到首席調酒師的調配室，和他一起在調配室裡談論威士忌的調配精神。第一次去蘇格蘭酒廠研習的收穫就非常多，至今都印象深刻，那次和一般酒廠的觀光行程是完全不一樣的。有次在麥芽儲存區，廠方給我看一本登記簿，裡面記載了過去酒廠使用所有麥芽的細節，每一批次生產用的麥芽是由多種不同產地的麥芽混合而成，少數的變因不會影響整體品質，如此才能生產出穩定的風味。

　　我們喝藍牌Johnnie Walker Blue Label，它也有煙燻味，它的煙燻味是透

過調配工藝而來，選用艾雷島的卡爾里拉、斯貝區的林克伍德，還有一些其他酒廠的威士忌，將這些酒調配在一起，透過調配比例讓酒釋放出適當的煙燻味，藍牌的高級感其實是透過艾雷島的煙燻味少量調配出來的。因為如果沒有適當的煙燻味，有時候威士忌喝起來會過分輕薄，是那個煙燻味才讓威士忌變得更有重量感。●

發掘PX雪莉桶的甜味層次

JAMES：依我個人對於威士忌的喜好，我最喜歡波本桶，但近年來市場上是雪莉桶相當風行，我發現有越來越多蘇格蘭威士忌用PX雪莉酒桶來陳年威士忌，關於這點，Steven你怎麼看？

STEVEN：說到雪莉桶，我今天帶了坎培爾鎮的威士忌，它就是使用PX雪莉桶的例子之一，但我想先從葡萄酒開始說起，比較好理解源由。我自己非常喜歡葡萄酒，白葡萄酒和紅葡萄酒最大的差異就是白葡萄沒有所謂的「丹寧」，而紅葡萄有丹寧，無論是皮、梗、籽的澀味都留在葡萄酒當中，丹寧也為紅葡萄酒增添很多風味層次與陳年不同的變化。除了葡萄酒顏色造就的差異外，葡萄本身也有不同的處理法，像是受貴腐菌的感染，菌絲抽走了葡萄本身內含的水分，同時改變了風味的結構，因此貴腐甜白酒香氣的豐富度無以復加，甜度的層次美不勝收。像我現在平常的生活盡量不碰精緻糖，因為過多精緻糖的風味呆板、甜感單一，而且也不健康。可是甜基本上是人天生對於味覺的需求，是美好的事物，如果是豐富又有層次的自然甜味仍是宜人的。就像貴腐甜酒，或是坎培爾鎮這支有PX雪莉桶甜味的威士忌，它們就是屬於複雜又優雅的甜味。充足日照是PX雪莉酒最重要的元素之

一，通常葡萄園的土壤有白堊土、有砂質鈣化土壤，當這些白色土壤被陽光直曬時，葡萄除了得到從天上來的陽光之外，也得到土地反射的雙重陽光，加上葡萄園位置靠近海邊，製酒者鋪在地上曬乾的葡萄不僅有濃縮的甜感，還帶了些鹹感。

回到James的提問，為什麼這些年蘇格蘭威士忌產業越來越喜歡用PX雪莉酒桶來陳年威士忌，因為這些酒桶帶給威士忌的甜感是複雜的，甚至帶著鹹感去提振甜味，這些因為環境造就的鹹感和日曬造就濃縮甜味的葡萄釀酒，經過木桶熟成後，最後製成的PX雪莉酒不只是黏稠甜美，而且有深度，層次多而複雜。蘇格蘭威士忌使用PX雪莉桶熟成酒液時，它們同時也把這樣的元素放進蘇格蘭威士忌中，我自己個人就相當偏好PX雪莉桶所熟成出來的威士忌。有些人會說它很甜，但是我不覺得，當甜感很複雜而且多層次的時候，

你喝起來就不覺得那麼甜了，死甜才會讓我們覺得膩，但複雜甜味給予的是百花齊放的愉悅感。⬤

J AMES：經過這個過程後，本來波本桶或雪莉桶吸進去的酒汁會跑掉嗎？⬤

S TEVEN：我常跟很多迷信橡木桶的消費者溝通一個觀念，歐洲人都是非常驕傲的，他們最在意的是酒廠精神。蘇格蘭人他們不會大聲告訴別人說我的酒之所以那麼好，是因為我的橡木桶裡有西班牙雪莉酒的味道，他們做的是蘇格蘭威士忌，不是西班牙雪莉酒啊。大部分的人覺得蘇格蘭威士忌之所以好，是因為裡面有美國波本酒的味道、有西班牙雪莉酒的味道？對於蘇格蘭人來說，可不這樣認為。可是你有沒有發現，喝威士忌的人通常都是用這種思考方式，搞得蘇格蘭人自己做的麥芽新酒似乎不重要的樣子，大家幾乎都在研究桶子，卻很少人研究每個酒廠堅持傳承了上百年製程製作出來的麥芽新酒的氣味。事實上，我每次去蘇格蘭跟首席調酒師們與酒廠經理對話時，他們總認為一支好的威士忌對他們來說最重要的是酒廠精神，他們的酒廠精神就是透過酒廠的 New Make 展現，而不是靠橡木桶，橡木桶比較像是女性化妝，是讓酒液增添更多風味和變化，但你不去在乎一位美女的本質內涵，只在乎她外在的妝畫得好不好，這點就本末倒置了啊！⬤

J AMES：其實你想法跟我完全一樣，在咖啡的領域也是如此。我也常常對於「處理味」太重的咖啡有類似感覺。因為不少消費者也是特別重視處理法，大部分的人就要喝日曬處理，說咖啡太酸的、口感太薄的我不喝，其實完全就像雪莉桶這個例子。威士忌酒廠經理說消費者不重視 New Make 風味，這就像是喝咖啡時只在意豆子的處理法一樣。有的人還會說，我不僅

要喝厭氧的，還得是雙重厭氧！雙重厭氧是指，通常咖啡漿果先厭氧處理一次，然後去掉果皮果肉後再做一次厭氧，兩次厭氧發酵的味道就會變得很重很濃，有些消費者專喝這種雙重厭氧，代表他在意的是「處理味」，而不是咖啡莊園本身的風土氣味、豆子品種的氣味、氣候水土的味道，其實我覺得很可惜。🔊

打開品飲格局，找到平衡

STEVEN：原來咖啡也有相似的狀況啊，哈！我常跟喜歡顏色非常深重的雪莉桶威士忌的初入門同好開玩笑說：「如果把不同酒廠的重雪莉桶威士忌擺在一起盲飲，你們分辨得出來差異嗎？」如果喝不出來，那這些百年酒廠的歷史傳承又有什麼意義呢？

其實我還真的做過實驗，很久以前，我拿了麥卡倫12年、陳年30年的西班牙雪莉老酒，然後準備三個杯子，想讓他們盲飲。一杯倒的是原來的麥卡倫12年，另外兩杯除了麥卡倫12年，分別在杯裡加了5滴雪莉老酒、10滴雪莉老酒，然後拿這三杯威士忌給我酒吧裡的客人喝看看。當時我分別找了三種客人，一種是剛接觸威士忌沒多久的小白，第二種是常到酒吧裡走跳的老饕級別，第三種客人是專家級別，他很認真研究威士忌，偶爾也擔任威士忌講師。結果呢，這三種人給我的答案都是一樣的，他們都覺得什麼都沒加的麥卡倫12年的年份最低，加最多雪莉老酒的那杯最好喝，他們甚至懷疑加了最多雪莉老酒的那杯是不是年份非常高，當我公佈正確答案時，他們的表情都驚呆了！

對於喜歡重雪莉風味的人，其實不需要浪費錢去買20、30、40、50年的

高年份威士忌，買一瓶一兩千元的高年份雪莉老酒就可以了，而且因為是在家喝，想加幾滴就加幾滴，過癮又省錢。不過，這個實驗有一點太刺激了，雖然得到驗證，但卻不敢大聲宣揚實驗結果。我不是反對大家接觸雪莉桶，只是覺得過分在乎顏色的深淺、年份的高低、價格的多寡、風味的濃淡並不是王道，無法拓展品飲格局和生活經驗。對我來說，喝威士忌的過程有時候是跟自己的生命對話，在威士忌中尋找一種平衡，也就是麥芽原酒與橡木桶的平衡。這其實就像人生，很多人一直活在加法的邏輯中，喜歡在自己的人生中一直加一直加，拼命加到滿，彷彿面對事物永遠不感滿足，執意認定追求極限的標準才是真正的美好，可是滿足了慾望後卻發現得到是無盡空虛。

也有些人的生活是減法，覺得要斷捨離，一點一點把不必要的東西都剔除掉，如此生命才可以得到真正的超越。

　　每個人的喜好和需求都不一樣，不是單一追求捨或得就是正確的，而是要多花時間認識自己，如同喝威士忌時要更努力開發自己的嗅覺跟味覺，因為大家都有屬於自己獨一無二、面對生命的平衡，甚至這樣的平衡會隨著年紀增長改變，平衡的尺度也會改變，當自己的品味跟喜好最接近心目中的平衡狀態時，才最安心自在、活得悠然自得。●

咖啡烘焙大師豆單！

南義「藍洞」深度烘焙 綜合咖啡
Fika Fika"BLUE CAVE" blend Dark Roasted
（可以品嚐到薰香味的咖啡豆！）

執杯大師酒單！

格蘭帝雙桶
單一麥芽威士忌
Glen Scotia Double Cask
Single Malt Whisky

富特尼12年
單一麥芽威士忌
Pulteney 12 Years Old Single
Malt Whisky

COFFEE×WHISKY

TOPIC

6

威士忌＆咖啡的苦味來源

這章我們聊⋯
Let's Talk About...

咖啡的油脂苦和純粹苦

如何透過產地端、烘焙端、沖煮端減少苦味

造成威士忌似乎有苦味的原因

6.1 咖啡的苦味原因，以及威士忌可能的苦味來源？

咖啡與威士忌的獨特煙燻味

JAMES：苦味是咖啡中讓人家又愛又恨的一個元素，大多數人覺得咖啡很苦的話會難以入口，但也有人是因為咖啡有苦味而愛上咖啡的。其實苦味是一個主軸，它扮演樑柱的角色，其實以茶來說也一樣，苦味是茶風味的支柱，只是一般人不會注意到，因為茶的苦味很淡，通常陪襯在其他風味後面。比方說苦味是黑色好了，把黑色顏料加水稀釋，逐漸變成淡淡的灰色，將淡淡一層苦味刷在舌頭上，苦味經稀釋後會變成所謂的甘味，所以一般解讀成「回甘」的感覺。

相較於茶，咖啡中的苦味就比較明顯，因為苦味物質比較多，無論苦味、濃度都比茶來得明顯。但我們可以用一些方法把咖啡的苦味降低到適口程度。例如，用烘焙手法、風漬…等特殊做法，像在印度就會這麼做，把咖啡的苦味下降到某個程度。但咖啡苦味又不能都沒有，太少的話，喝起來就不像咖啡了，反而像是另一種飲料。苦味是咖啡的靈魂與魅力所在，但從另一個角度看，人們又懼怕太多苦味，以致於要加很多糖才喝得下去。

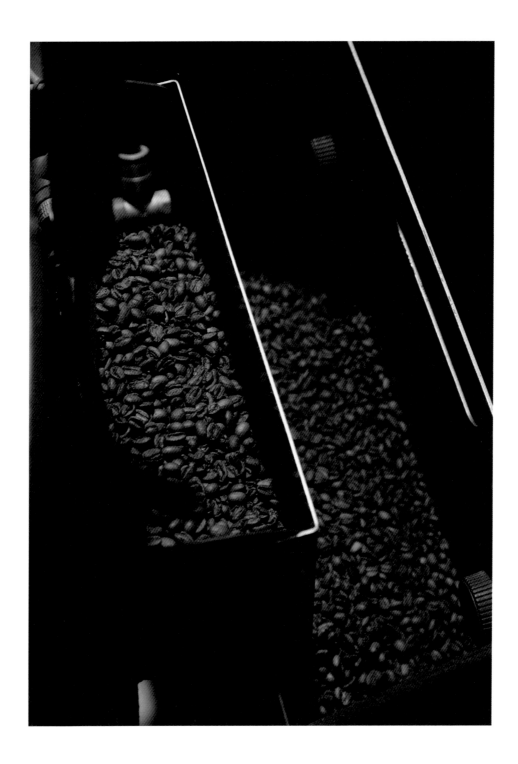

咖啡的大多數的苦味都是經由烘焙過程產生，如果把生的咖啡漿果或種子放進嘴巴裡咀嚼，吃起來其實像是青草味道，是一種澀澀的味道，但不至於感受到苦。透過烘焙咖啡豆的過程中產生焦糖化反應還有褐變、梅納反應，就會把咖啡豆裡的胺基酸、醇類轉化成一些會苦的物質。比如說咖啡裡的綠原酸是一種抗氧化物質，它可以抗老化，對身體很好，但綠原酸在烘焙過程會降級成為綠原酸內脂，那就是苦味的來源，如果繼續給予更長時間的高溫烘焙，綠原酸內脂則會降解成焦苦味更重的苯基林丹（Phenylindanes），這就是為什麼越重度烘焙的咖啡，苦味會越重的原因。

當我們了解咖啡烘焙越深，轉化出的苦味物質也越多時，我們就可以掌握烘焙程度、烘焙技法來調整咖啡的苦味，在沖煮端也可以用沖煮手法進行調整。咖啡苦味還有分種類，但我想先問問Steven，威士忌的苦味是什麼樣的？我再補充分享咖啡的苦味有哪幾種，因為我很好奇威士忌是否真的可能有苦味。◍

威士忌真的會有苦味產生嗎？

STEVEN：我一直覺得苦味是一種成人的味道，小時候喜歡吃甜，討厭苦味，長大了之後才了解原來苦瓜也可以很好吃，或許有時我們覺得苦味的好與不好其實是一種心理狀態，不一定有苦味就是不好的事情，而是我們認定的問題。

有趣的是，在威士忌世界裡，沒有一個威士忌酒商強調「苦」這件事情。在過去，不少威士忌愛好者和我說，他們喝某些特定威士忌酒款時會感受到苦

味。以前遊歷蘇格蘭的過程中，我跟一些蘇格蘭調酒大師、品酒大師對話的時候，也詢問過關於苦味這件事情。但這些專家們不特別針對苦味回答我，他們也不認為在威士忌的風味之中，苦味會是一個專題。

就我自己所知的苦味可能有幾個特定來源，第一個就是烘焙麥芽，就像我們喝黑啤酒一樣，喝黑啤酒會略帶一點苦味，黑啤酒特殊風味的來源就是麥芽的重度烘焙。基本上，蘇格蘭威士忌沒有麥芽重度烘焙的問題，因為對他們來說，麥芽的重度烘焙會影響出酒率，而麥芽的烘焙是透過烘焙過程讓大麥停止發芽，製酒者會希望從澱粉轉化成糖時能保有最多糖分，加入酵母菌後才能產出最多的酒精，讓酒精生產效率最高。所以過度的烘焙，就是那種所謂的「巧克力麥芽」其實會大幅降低出酒率，所以基本上不這麼使用的。但是這些年，在某些特定的商品中使用了巧克力麥芽，例如我們前面聊到格蘭傑的「稀印」，格蘭傑首席調酒師—比爾博士做這支酒時，希望能重回他20幾歲讀大學的時候，想拷貝最喜歡的藍山咖啡味道，所以將這支酒的麥芽做重度烘焙，麥芽焦糖化的結果讓這支酒在蒸餾後竟產生一絲像咖啡般的香味。

到底這個氣味是不是真的像藍山咖啡呢？我個人是持保留態度，但麥芽的重烘焙的確讓威士忌產生了近似咖啡的氣味，那麼，也會帶來咖啡特有的苦味嗎？或許有機會產生。但是我不認為那個苦味會強大到在味蕾上站出來。但是我相信就如James所說的，略帶有一點點的焦味或苦味反而會形成某種程度的骨幹，甜味就好像不會那麼膩了，我相信這是很好的，但是這樣的做法並不是整個蘇格蘭威士忌的主流，目前也幾乎沒有人這麼做。

第二個苦味的來源有可能是橡木桶的烘烤，因為重度炙燒（Char）而讓橡木桶內緣焦炭化，這時或許會產生苦味。不過，在蘇格蘭的製酒者認為重度

的炙燒讓木桶內緣炭化，後續裝填麥芽原酒時，桶壁像是活性炭般會吸附雜質，甚至過濾掉雜味，但他們判斷橡木桶的碳化過程仍不會對威士忌造成苦味。而且基本上蘇格蘭威士忌都是使用二手桶，即使橡木桶經過強烈烘烤而可能產生苦味，那也應該是留在波本威士忌當中，而不是蘇格蘭威士忌中。我有準備一支美國威士忌給James品嚐，看看使用重度炙燒新桶陳年的美國威士忌，會有更多甜味還是苦味。這些年來，雖然蘇格蘭威士忌流行起所謂的「ReChar桶」或是「STR工序」的橡木桶，就是將橡木桶內緣刨過再重新烘烤過，但一般來說還是不會做太重的炙燒，因此也沒有造就苦味的意圖。

最後一種苦味的可能來源，我猜測是高度的酒精在味蕾上造成的苦感。基本上酒精是不會有苦感的，但我發現很多威士忌初階的愛好者，他們反應在品嚐高度酒精的威士忌時，例如原桶強度的威士忌，彷彿感受到威士忌有比較苦的感受，或許是把品飲時刺激感連結到苦味了。我會建議不妨降低酒精濃度來喝，因為少數人喜歡用表現男子氣概的方式喝威士忌，覺得喝原桶強度就不應該加水，喝酒就要純飲不能加水，加水就弱了，不是男子漢。事實上，純飲威士忌的時候，加一點點的水反而能將香氣和口感的層次釋放開來，而不是直接跟強烈的酒精對撞，比較能喝出威士忌的美好。

若從風味角度來看，苦味來源也很可能來自於橡木桶所產生的辛香料味，當我們的味蕾不能很明確地分辨不同的辛香料味時，香料味造成的刺激感就也可能在口腔產生類似「苦」的感受，這是我對於威士忌中可能有苦味的看法。

到目前為止，即使我直接問蘇格蘭大師，他們對苦味都沒有給予像咖啡如此直接跟正面的描述，對他們來說，苦味並不是製酒者思考的範疇，也沒有理由存在。●

JAMES：所以在威士忌的領域並不會去追求或是控制裡面的苦味？我個人品嚐某些威士忌時，都覺得有很明顯的餘韻苦味呢！●

STEVEN：我個人覺得因為James是長期喝咖啡的人，所以你本身對苦味比較敏感，你描述的都剛好屬於Whyte&Mackay集團的威士忌，他們家的威士忌有一個比較大的特色，就是用了許多特殊的雪莉桶，而且在橡木桶陳年和調配時做了許多複雜的工序。一般來說，雪莉桶不會做重度炙燒，因為葡萄酒的使用不像美國波本酒使用那麼重度炙燒的橡木桶，一般來說都是Light Char，也就是輕度炙燒。

為什麼美國波本橡木桶會使用那麼重度的炙燒？因為美國桶使用美國白橡木，這種木頭細胞壁比較厚，為了能萃取出橡木中含有的所有風味物質，會用比較大量的炙燒和烘烤，藉由Char讓木頭的細胞壁破裂，以釋出更多甜感和風味。所以喝波本桶風味威士忌時會覺得比較甜，而雪莉桶風味則有更多的辛香料味，這是因為雪莉桶主要以歐洲紅橡木作為桶材，而歐洲紅橡木的細胞壁較薄的緣故。如果拿美國白橡木和歐洲紅橡木兩塊桶材做比較，直接用手指的指甲片劃過橡木片，你會發現美洲橡木比較硬，較不易產生指甲痕，但歐洲紅橡木就會有清楚的指甲痕。兩相比較，歐洲橡木的細胞壁比較薄，質地較軟，因此容易萃取出來自橡木當中的氣味；而美國紅橡木細胞壁比較厚，質地較硬，必須透過重度的炙燒破壞細胞壁，才能釋放更多氣味。●

咖啡的純粹苦和油脂苦

JAMES：原來威士忌可能產生的苦味是這幾個原因！那我來說明咖啡的苦味，咖啡的苦可以概分成兩種，一種是「純粹的苦」，像是奎寧或黃蓮那種苦，就是純粹的苦。純粹的苦味很銳利、直接，一入口就是很清晰明確的苦味，是具有穿透力的苦味，不會和其他風味結合在一起。在咖啡裡的第二種苦味稱為「油脂性的苦味」，它是討人喜歡的苦味，油脂苦像是被油脂給包覆住的感覺，這個苦比較軟、觸覺比較油潤，比較間接，並不是這麼銳利和直接的感受。

油脂苦會讓人聯想到黑巧克力，像巧克力呈現的苦味就是「油脂苦」，在咖啡裡出現巧克力味時，我們就會知道它屬於油脂苦，就算純飲也不會覺得很銳利。其實黑巧克力加入糖與可可脂之前是很苦的，但這個苦味放在嘴裡會有一種油潤的感覺，不像黃蓮這麼銳利、是會刮舌的苦，而且油脂苦可以跟其他物質或風味結合在一起，例如把無糖可可加入熱牛奶，即便沒加糖，但攪拌融化後已經變成巧克力味與奶香融合的飲品，喝起來讓人舒服愉悅，因為此時苦味和奶香充分結合成為另一種風味了，如此一來品飲者就不會特別感受到苦味。很多深焙咖啡也有油脂苦，比方直接喝深焙黑咖啡會有一個很渾厚的苦味，但和牛奶、乳製品、燕麥奶…等做搭配，就能轉而呈現出柔潤感受；此外，油脂苦也能和其他風味互相搭配，包含酸、甜、苦、鮮、鹹、辣…等，都可以分別結合在一起，變得比較容易入口的狀態。

雖然油脂苦屬於良性的苦，但還是需要控制它的強度跟濃度，如果在烘焙咖啡豆的過程中出現一些控制不當的操作，就會出現口感銳利的「純粹苦」，純粹苦是沒有辦法被其他味道遮擋掉的，也不能與其他風味融合。值得注意

的是，「純粹苦」也會出現在淺焙咖啡裡，並不是像大家所想的，咖啡一定要烘焙得深才會苦。一旦出現這種純粹苦，就算加入牛奶，喝起來就變成一杯苦的咖啡牛奶，不會聯想到像巧克力牛奶那種溫柔感，反而像是在黃蓮裡加牛奶那樣難以入口，所以純粹苦在咖啡中是不應該出現的，喝起來會很不舒服。這種讓人覺得不適的苦味就和咖啡的酸味一樣，咖啡的酸也分成好的和不好的，不好的酸帶有延續性，好的酸則會轉成甘甜，這就屬於良性的酸，總之無論苦味或酸味，都可以在烘焙過程裡調控成合適的樣子。

泥煤炭疑似帶給威士忌的苦味

STEVEN：關於喝威士忌造成人們口腔中產生的苦感，我想再針對烘烤麥芽補充一個可能原因，是來自於泥煤炭。我聽過不少人反應，特別是不熟悉蘇格蘭威士忌的人，首次喝到泥煤炭風味威士忌時就覺得，哇～這有點苦味啊！或許苦味感覺的來源是因為使用了泥煤炭的燻烤麥芽。

在蘇格蘭，艾雷島的煙燻風格泥煤威士忌是最具特色的，像是樂加維林獨特的人蔘味、拉佛格特有的瀝青味、波摩的藥皂味、雅柏的煙燻蠟味。它們經過泥煤炭煙燻後，轉化成很有趣也很複雜的氣味，出現消毒水味道或是正露丸味道，也有些木質調的味道。以致於很多人在自己味蕾還不熟悉這些氣味的時候，會覺得其中的味道很陌生，沒有辦法歸類成酸甜苦鹹其中一種，或許就歸納成辣的、苦的味道。

十幾年前，我聽過不少對於泥煤炭味不熟悉的人形容泥煤威士忌是苦的，但是這些年來泥煤威士忌被大眾廣為接受，現在描述泥煤威士忌是甜的人反而越來越多，形容泥煤味是苦的人則越來越少了。苦與甜兩個極端，人們卻拿它來形容同一支威士忌，非常有趣。

就算同樣是泥煤風味，因為來自不同產區也會有不同表現。我拜訪過蘇格蘭幾個泥煤炭的產地，前一陣子我剛從奧克尼島回來，那塊島嶼山勢不高，因此風狂物稀，島上的植物長不高，多半是低矮的灌木，因此島上的泥煤炭絕大多數都是一些低矮的石楠灌木沉積而成，與艾雷島和蘇格蘭本島的泥煤炭風格截然不同，酒廠的人描述地表上層的泥煤炭燻烤出來的麥芽製成威士忌造就了花蜜香，而下層泥煤炭造就的是煙燻和焦化的味道。

我想再多了解一下咖啡的苦味，烘豆師一般如何透過烘焙手法，讓咖啡豆呈現討喜的油脂苦，或大部分消費者能接受的味道呢？●

如何透過產地端、烘焙端、沖煮端減少苦味

JAMES：苦味控制是烘焙咖啡時的重要環節，一般有幾種方式可避免苦味產生。第一個方式是先利用「烘焙曲線」去控制。通常烘焙咖啡時，烘豆師會將咖啡豆的升溫記錄成圖表，縱軸跟橫軸分別是溫度跟時間，隨著烘焙過程拉出一條曲線，就是所謂的「烘焙曲線（Roast Profile）」，烘豆師會控制這個曲線的形狀，讓苦味呈現出想要的種類與強度。無論淺焙或深焙，都可以藉由烘焙曲線來控制苦味成分。再來就是以「烘焙度」來控制咖啡的苦味，這是最簡單且常見的方式。一般來說，咖啡烘焙程度越深，苦味物質越多，烘焙程度越淺，苦味則較少（在大多數的正常情況下，做不好的淺焙仍會有苦味）。所以說，假如不具備 Roast Profile 苦味控制的技術的話，那很簡單，不要把咖啡豆烘得太深，烘到大概中淺度烘焙，在所謂的第一爆跟第二爆的中間，就要讓咖啡豆出爐冷卻，能避免強烈苦味。

第二個避免苦味的方法是沖煮端，因為我們在烘焙端已經做好苦味的第一線控制，再來就是沖煮調整，咖啡沖煮的水溫對於一杯咖啡的風味有巨大且直接的影響。沖煮水溫越高、苦味釋出越多，如果你沖的咖啡喝起來覺得很苦，可以把沖煮水溫下降一點。例如，你本來用95℃高溫沖咖啡，苦味可能會很明顯或銳利，把沖煮溫度下降到92℃，甚至是89℃的話，你就會發現苦味一下子變得柔和許多，不再難以入口，甚至加入一些牛奶，口感就會更柔順溫和。

第三個是在產地端控制苦味的特殊方法。產地端控制細分成兩種，第一種是「去除咖啡因」，因為現在有不少改良式的咖啡品種，天生就低咖啡因，咖啡因其實有些微的苦味，很多人以為咖啡因是咖啡的苦味來源，其實咖啡因在咖啡苦味裡扮演的角色是很小的，但它還是存在。因此如果你今天拿到的是天然低咖啡因品種的咖啡，把它做同樣程度的烘焙，就會比正常咖啡的苦味稍微少一些。

風漬馬拉巴（Monsooned Malabar）的顏色白白淺淺，而且體積相較於一般咖啡生豆更大，外觀近似花生米。

還有一種在咖啡產地能降低苦味的特別做法，就是我們之前在Topic1談過印度的風漬馬拉巴（Monsooned Malabar），這種咖啡豆採收後會刻意擺放在海邊，讓印度特有的季風吹拂咖啡豆很長一段時間，當地人把咖啡豆舖在開放式層架上，讓海風吹好幾個月，用鹹鹹的海風「漬」咖啡豆，被稱為「風漬」，它跟某些帶有「海味」的威士忌可能有那麼一點點像，但不像威士忌那樣充滿海潮味，只是略帶鹹味的咖啡豆。

　　海風吹拂咖啡豆的過程中，咖啡豆的含水率下降，生豆會從翠綠色變成淺綠色，再變成淺黃色，最後甚至有點發白，顏色變得白白淺淺；體積蓬鬆且稍微膨脹，有點像花生米的外觀，用手摸豆子會發現變得很輕。海風不只帶走豆子裡的水分，也降低裡頭「綠原酸」的含量。剛才講過阿拉比卡豆有10%綠原酸成分，經過「風漬」，綠原酸會下降，經過烘焙後產生的苦味也變得更少，所以風漬馬拉巴比一般咖啡豆更不苦，品飲者會覺得它甘甜、順口，即使經過深焙也沒那麼苦，這就是從產地端控制苦味的例子。◗

威士忌裡疑似造成苦味的香料味？

STEVEN：原來控制咖啡苦味的方式有這麼多種！接下來，我請James喝喝看三支可能讓品飲者有苦味感受的威士忌。第一支是Paul John，它來自印度，現在整個印度只有三家威士忌酒廠生產可以與全世界比擬的好威士忌，還有一家是雅沐特，另外一家則是台灣目前還沒進口的品牌。其實這三支威士忌對我來說都不具苦味，但是它們分別有較重的辛香料風格、重度炙燒的橡木桶，以及調和威士忌中穀類威士忌被突顯出來的酒精感，這是我們可以對威士忌苦味探討的切入點。

很多人都說印度威士忌帶有一些辛香料味，我們剛才談到還不能清楚分辨辛香料氣味的人喝威士忌時可能感受到苦感的錯覺，一起試試看這支印度威士忌，會不會有苦的感受。我帶的另一支是美國的裸麥威士忌，美國威士忌主要分成波本威士忌和裸麥威士忌這兩種。波本威士忌的原料是玉米的比例比較高，喝起來感受較偏甜；裸麥威士忌的原料是裸麥比重比較高，喝起來略帶辛香料味。

相對於歐洲使用橡木桶的方式，美國威士忌使用全新橡木桶熟成，而且會對橡木桶內緣做重度炙燒，重度炙燒就有可能造成味蕾上感受到的苦味。不過，我自己是沒有嚐到這兩支酒的苦味啦，反倒是試喝這支裸麥威士忌時，覺得它帶給我無比複雜、層次非常多的辛香料味，我個人非常喜歡，甚至帶一點青草茶的味道，有Herb的草本味道，加上它又用波特酒桶去換桶熟成，也有非常棒的果香味。

保羅約翰Paul John這家印度威士忌酒廠有部分做泥煤風味威士忌，另一部分做沒有泥煤風味的，我擔心因為泥煤味太強悍而無法感受到所謂的印度威士忌風格，所以我帶的這支是沒有泥煤味的印度威士忌。在印度通常會用兩種大麥，一種是在地生產，在地生產的大麥就沒有泥煤炭的煙燻味，另外一種是直接跟國外買已經燻烤好的麥芽，就會有蘇格蘭的煙燻泥煤風味。保羅約翰Paul John酒廠雖然蓋在印度，但酒廠老闆是位英國人，很懂得什麼是世界級的威士忌，風味該如何設定的訣竅。James先喝喝看，你會怎麼形容他的味道，會像大家形容的，說裡面有咖哩味嗎？哈哈～●

J AMES：這個味道好特別喔，我第一個察覺的倒不是咖哩味，倒有點像蘑菇，就是有一股很明顯在蘇格蘭威士忌裡喝不到的味道，有點類似巴

西蘑菇，像是帶有一些杏仁味的蘑菇再混合香料味，這個很明顯和其他威士忌不一樣，而且它40度，還滿好聞的。這支印度威士忌的香料味和存留在口中的小小刺激感，我完全能理解為什麼有人會把這個味道解讀成苦味。

STEVEN：對我來說，它的咖哩味尾韻是會留在舌頭以及上顎的辛香料味，殘留在口中的氣味讓我感覺尾韻非常厚重，而且我也覺得帶著一點點刺激感。在威士忌的世界裡，有趣之處就在於不同民族用同樣製程、相同原料，但會把在地的飲食文化或習慣放進去，用他們認為是好的味道在製程中擷取出來，因為品味不同，完成的威士忌風味也截然不同。

泥煤威士忌有苦味？其實是酒精感

那麼接下來的第二支則是調和威士忌XR21年，常聽到一些酒友說調和威士忌喝起來帶點苦味，但是單一麥芽威士忌就不會有，我自己是不覺得它喝起來苦，可能比較像是坊間以訛傳訛的觀念。人們常說單一麥芽威士忌好，調和威士忌差，因此單一麥芽威士忌喝起來順，調和威士忌喝起來辣，但事實上兩者風味感受應該是要反過來的。因為威士忌調和的目的就是要順口、要符合大眾口味需求，而單一麥芽威士忌強調的是個性，是單一酒廠獨一無二的個性，順不順口不是他們第一順位的考量。但或許是單一麥芽威士忌的個性濃烈，酒精感被強烈的個性掩蓋過去了，而調和威士忌雖然相對來說比較柔順、風味比較細膩，但有一些人對於酒精的感覺偏強烈，反而會感受到更多酒精感，或許他們就覺得那是種苦味。

相對於其他調和威士忌，Johnnie Walker調配出來的氣味多半都會略帶一

點煙燻味，我自己就曾拍過一支影片，用皇家禮炮21年跟這支XR21年做比較，就發現皇家禮炮21年的風味如同繞指柔，而XR21年比較有格局、風味是強壯的，相比之下的品飲感受沒那麼溫柔。包括Johnnie Walker藍牌就是標準調配了泥煤炭風格的調和威士忌，比XR21年更強壯，風格更厚實。另一支Johnnie Walker喬治五世在機場免稅店有賣，甚至直接在酒液裡加了現已關廠、絕版的艾雷島威士忌波特艾倫，雄壯的泥煤炭味展現出高級感。我覺得他們家首席調酒師的調配觀念是喜歡用泥煤炭風味威士忌畫龍點睛，讓威士忌的整體風味雄渾大氣，但入口並不會明顯感受到泥煤炭的味道。◖

J AMES：他們首席調酒師點睛的非常好，因為入口並不會感受到泥煤炭的味道，銜接得很圓融，這個調配技術真的非常厲害。這種調配手法讓我聯想到Fika Fika Cafe的招牌咖啡豆「卡布里布理」，我也有運用相似的手法，在八款產區咖啡豆裡特別加入了少許風味強烈、甚至帶一點辛味的印度咖啡，如果單獨品嚐它會覺得味道衝鼻、強烈，然而經由剛剛好的「畫龍點睛」方式與其他風味彼此交融反而顯得口感更圓融，氣味更平衡且立體。

S TEVEN：我覺得對於威士忌來說，取用適當的泥煤炭風味加入調配，會起到一個結構作用。在1969年，蘇格蘭的艾雷島發生大乾旱，那時候整個蘇格蘭酒業非常驚嚇，因為用水對於威士忌的生產製造來說非常重要，沒有水便無法生產威士忌。我們可能會想說，只有艾雷島乾旱無所謂啊，整個蘇格蘭本島還有大量威士忌的生產可以彌補艾雷島的生產量嘛，可是我們忽略了一點，艾雷島威士忌的泥煤炭味是無可取代的。

大乾旱那年，蘇格蘭威士忌產業必須在本島找到一家威士忌酒廠，得生產出和艾雷島一樣的泥煤風格威士忌，才能夠供給調配威士忌做使用。那時在高地

區恰好關了一家酒廠，於是決定重新讓它復廠生產艾雷島威士忌，這家酒廠為此一共運轉了14年，救了整個Johnnie Walker集團的調和威士忌生產需求，就是Brora這家酒廠。它們前面4年生產重度泥煤的威士忌，就是艾雷島風味的威士忌，後面10年就慢慢把泥煤味風味降低，這14年之間所生產的Brora威士忌除了當作調和威士忌的基酒外，剩下的庫存在市場上就成了絕版的夢幻逸品，它的珍貴或許是因為艾雷島乾旱的機緣巧合造成的歷史，也是天意留下來無法被複製的珍稀吧。

他們最後10年生產威士忌的風味仍然會有一點點泥煤味，但不像前4年那麼重的泥煤味了。同時，它也像姐妹廠小山貓那樣有清楚的蠟質感，因為它就是最舊版、原始版的大山貓，其實大山貓Brora才是真正傳承百年的老酒廠，它只有一對蒸餾器，新的小山貓酒廠就蓋在旁邊，是三對蒸餾器，舊廠關掉後迎來新廠，一切都是因緣際會才又再生14年。James先喝看看，你覺得調和威士忌XR21年給你的品飲感覺如何？●

JAMES：我覺得這支XR21年調配的有夠無縫銜接，它整體的風味表現讓我聯想到北意大利著名咖啡烘焙廠illy的招牌中度烘焙綜合豆，illy與其他義大利烘焙廠很不同，只採用阿拉比卡種咖啡豆做原料（意大利烘焙廠通常使用阿拉比卡與羅布斯塔兩種品種混合調配咖啡），他們烘焙調配出來的咖啡就是像這樣「無縫銜接」的圓融風味，乍喝之下可能沒什麼特別驚豔之處，但品飲感受相當舒服、口感溫順，是很成熟且平衡的味道。●

裸麥威士忌的復興與原始精神

STEVEN：我覺得XR21年予人的品飲感受很好，不僅沒有苦味，整體而言還有種高級感。接下來第三支威士忌則來自於美國的新酒廠，通常新酒廠都充滿各種很棒的想像，而且小批次生產，讓每種實驗都不需要透過大量生產，就能擁有各式各樣的獨立裝瓶送到消費者手上。一般來說，很多人覺得美國威士忌第一印象很甜，然後味道很重，都是橡木桶的味道，沒有層次、風味單調，厚重的氣味像整坨黏在一起。但這支老爹帽非常有層次，雖然顏色仍然很深，口味仍然很重，但它豐富的層次嚇了我一大跳，是非常好的一支美國威士忌。

其實我覺得裸麥威士忌是原始的美國精神！在美國拓荒時期，大家開始大量種植玉米，玉米成為美國人的主食，後來才拿來做威士忌，就是以玉米為主原料的波本威士忌，這期間有個很重要的關鍵點是1920年代的美國禁酒令。在禁酒令之前，美國最大宗的威士忌是裸麥威士忌，人們在禁酒令期間還是偷偷做酒，只是由公開轉成地下化，甚至在浴缸裡面做酒，做出來的假酒品質很糟糕，造成人們對裸麥威士忌品質不好的印象，也引起黑幫橫行的問題。後來禁酒令解除，裸麥威士忌從以前的高峰直接崩到谷底，重新復興的美國威士忌開始用玉米做酒，就是波本威士忌，加上那時候法規開始慢慢建構起來，讓波本威士忌成為美國威士忌的主流，到後來裸麥威士忌幾乎快消失了，是近年來人們又重新注目裸麥威士忌，新一波的浪潮再次席捲而來。

這10、20年間，裸麥威士忌重新復興，現在的裸麥威士忌層次比較多，還有更多的辛香料味，再加上美國酒吧的Bartender喜歡用裸麥威士忌製作雞尾酒，讓裸麥威士忌像是翻身了一樣，頻頻得獎。我記得前幾年的威士忌聖經

裡，全世界第一名的威士忌好像就被一支9年的裸麥威士忌拿走，它屬於三得利集團，但台灣目前還沒有進口那支酒。現在的裸麥威士忌非常值得我們關注，不只美國的Bartender，台灣的Bartender也都會用裸麥威士忌來調酒，只是，普遍會拿來調雞尾酒的通常是比較低價的類型。我覺得裸麥威士忌的複雜味道比較不會被過重的美國全新橡木桶壓過去，裸麥威士忌反而適合更長時間的熟成，而且我覺得熟成出來的風味層次更加迷人。你覺得這支美國威士忌喝起來怎麼樣？ ●

JAMES：我覺得它不像波本，喝起來是杉林小木屋的感覺。入口完全沒有苦味，味道很甜美但沒有膩感，然後有一層一層很多的香料味，加上奶油味，全部吞嚥下去之後，在舌頭上留下來的餘味是辛香味比較重一點，可能比一般的波本桶或蘇格蘭波本桶更有一種厚重的感覺。但厚重的感覺就

像Steven你剛剛講的，有的人會聯想到苦味，但其實那不是苦，至少以我們長期的品飲經驗來說不是苦，只是聯想到苦的感覺，有那麼一點類似黑巧克力的餘韻，很些微，但我能理解有的人喝完會覺得這支威士忌帶點苦。

STEVEN：我同意你說喝起來有許多杉木的味道。像這支主要是美國威士忌新桶的中度烘烤以及裸麥的辛香料味，其實也有可能造成所謂的「苦味回甘」，但因為美國威士忌多半比較甜美，然後萃取來自於橡木桶本身的焦糖甜感也更多，所以真要覺得美國威士忌苦的話，我反倒覺得會形容它甜的人應該更多吧。

 咖啡烘焙大師豆單！

 意大利 意利咖啡 中烘焙豆
illy Medium Roast

 威士忌執杯大師酒單！

保羅約翰 · 極樂
單一麥芽印度威士忌
Paul John Nirvana Indian
Single Malt Whisky

 老爹帽 · 波特桶
賓州裸麥威士忌
Dad's Hat, Port Wine Finish
Rye Whiskey

約翰走路 · XR 21年
調和威士忌
Johnnie Walker XR 21 Years
Old Blended Scotch Whisky

COFFEE×WHISKY

TOPIC

7

咖啡萃取與威士忌品飲

這章我們聊…
Let's Talk About...

品飲者的「再創作」樂趣

淺談咖啡沖煮的變因

咖啡粉水比、威士忌兌水比

溫度對於咖啡、威士忌的影響

7.1 品飲者也是創作者

STEVEN：以前我們習慣喝酒精濃度40％的威士忌，但是現在大家都知道威士忌有原桶強度（Cask Strength）、單一桶（Single Cask），酒精濃度往往高達50～60％。通常40％的威士忌基本上是由首席調酒師透過兌水的過程，將酒精濃度降到合理程度，讓大家都可以用最簡單的方式認識威士忌。有點類似烘豆師先烘好咖啡豆，廠商再磨成細粉並決定好濾包材質和孔徑大小，在外包裝上幫消費者註明用幾度水溫、沖泡多久…等，再做成掛耳包，換言之，大家只要透過簡單的沖水動作，就能得到接近「好咖啡」的狀態。

　　而原桶強度的威士忌則像直接給你烘焙好的咖啡原豆，由消費者自己決定品飲時的細節。類比咖啡來說，原桶強度的威士忌是你可以自己控制咖啡豆要研磨成什麼程度的粉末、粉水比是多少，如同咖啡要加水才能得到最後的美味。以往接觸蘇格蘭的威士忌大師們與製酒的首席調酒師們，他們認為原桶強度或單一桶的高酒精濃度威士忌不是直接喝，都建議大家加入適當的水，才能把香氣跟口感的層次釋放出來，把酒蛇給喚醒。很多人會掉進「酒精濃度」的迷思裡，認為喝高酒精濃度的威士忌比較厲害，因為通常原桶強度或單一桶的高酒精濃度威士忌的價格比較貴，所以大家覺得應該要純飲，但事

實上，首席調酒師們都是兌水喝，而兌水的比例是由自己決定要兌多少水，連我自己平時試飲不同的酒，加水的比例也都不同。

威士忌品飲的再創作

所以當我們拿到一瓶威士忌時，要進行「再創作」，自己創作一杯「屬於自己」的威士忌，用這樣的觀念能讓品飲威士忌的人都感到更有成就感，而不只是把威士忌倒出來，然後喝掉，變成一個無意識的簡單動作而已，這樣非常可惜。至於要加多少水最好呢？我聽過很多說法，有些首席調酒師覺得，加水加到像葡萄酒一樣的酒精濃度來喝會更好；也有一些首席調酒師認為，他的酒不需要這麼低的酒精濃度，只要加幾滴水就可以了，每位製酒者給的答案是不一樣的。所以之前有些消費者問我說：「威士忌要加水加到多少酒精濃度，或是要加幾滴水才是最完美的？」我從來就沒有答案，因為那些製酒者所告訴我的，也沒有標準答案，換句話說，品飲者本身也是創作者。

我們喝威士忌要加水，沖煮咖啡也要，那想請教James，沖煮如何進行？像我在家裡喝咖啡，可能只是買簡單的掛耳包沖泡，市面上還出現浸泡式的咖啡，像這樣將咖啡豆或咖啡粉轉化為咖啡飲品的這個過程，你怎麼看？●

J AMES：我非常同意品飲者本身也是創作者這個概念，因為咖啡沖煮這個環節可以把一款很好的豆子變成一杯難喝的咖啡，也可以把一款不太變成天仙美味，有點像是食材之於烹飪。我們在本書一開場時聊過，烘豆師像是演奏家的角色，其實品飲者（或咖啡師）從另個角度來看也是演奏家，拿到烘好的豆子後，可以透過沖煮過程呈現出想要的各種樣子。比方說一套相

同的樂譜，有人把他演奏成很和緩、很沉悶，聽起來有種呆板或死寂的感覺；但也能演奏成快節奏的舞曲。透過自己的沖煮技術決定了一杯咖啡最後入口的風味，想要很重口味、濃郁苦甘，或是很清爽、口感喝起來像茶，這些都是在沖煮環節可以控制的。

影響咖啡沖煮的各種原因

進一步來說，控制磨粉的粗細粒徑能調整沖煮咖啡時的口感與風味。磨粉包括粒徑的粗細、顆粒的形狀，還有粒徑的分佈，而且不同磨豆機磨出來的顆粒與形狀是不一樣的，這些都會影響到一杯咖啡的整體味道。例如一把咖啡粉裡可能有70%是較粗的粉、30%是偏細的粉；有的磨豆機磨出來95%都是較粗的粉、只有5%是偏細的粉，這就是「粒徑分佈」，決定了沖煮後的咖啡風味。如果是咖啡掛耳包的話，因為已經事先磨成粉了，所以創作空間有所侷限。

如果要細講，沖煮端影響的範圍很廣、變因很多，包含粉、水質、水溫、器具…等，最大前提是希望在沖煮端不要把很好的咖啡豆給毀掉了，應該力求突顯它的優點並且強化，盡可能修飾缺點，這是沖煮端最需要注意的事。

剛才Steven說的威士忌兌水比例，這點咖啡也類似，因為很多咖啡迷都會執著咖啡需要用多少「粉水比」做沖煮，我們每天都被問到這個問題，也就是多少公克的咖啡粉加上多少克的水，喝起來才會最美味、最怡人，無論風味和口感都呈現最佳的比例。通常消費者會期待一個完美的標準答案，例如可能1：12或1：15是最好的。但其實並沒有一個標準答案，因為得看豆子決定

適切的研磨是造就一杯美味咖啡
的關鍵。

適合的粉水比，更何況每個人家裡用的水質、器具也都不一樣。

STEVEN：會不會同一批豆子烘焙好一週或兩週時間，所使用的粉水比就
會不一樣呢？

JAMES：有可能，因為隨著豆子熟成發展，味道會越來越濃郁，口感也
漸漸趨於厚實。所以，如果你用剛烘焙好的咖啡去測出你最喜愛的粉
水比，再把這個豆子密封起來、熟成兩三週，你再使用相同粉水比去沖煮的
話，可能會發現沖煮出的咖啡竟然偏濃，變得有點像擠壓過的感覺，我常形

容那種「擠壓感」是我們當學生時，早上買了一個菠蘿麵包放在書包裡帶去學校，不小心被書壓扁了，你拿出來變成扁的菠蘿麵包，吃起來還是菠蘿麵包的味道沒錯，可是麵包的口感被擠壓了，因此味道難以清楚地舒張開來。

也就是說，如果咖啡豆熟成後，粉水比沒有因應去調整的話，就有可能出現擠壓感，整體還是一樣的風味，但香味被「擠壓」在一起了。也很像剛剛威士忌的例子，只要滴幾滴水，就可以把這個擠壓感給釋放開來、舒張味道，這樣喝起來更容易察覺咖啡裡的每個細節。所謂的「粉水比」應該是靈活的，而且應該是不同的烘焙手法、不同的豆子，不同的熟成環境、熟成方式，甚至於不同環境場合都有各自最適合的粉水比，適不適合就是依照每個人自己當下的感官與心情而定。

STEVEN：除了沖煮端，還有什麼環節會影響粉水比？

JAMES：烘焙端是另一個影響粉水比的重要環節。咖啡有好幾種不同的烘焙方式，像是慢火烘焙、快火烘焙；除此以外還有加熱方式，像是間接加熱、直接加熱、熱風加熱以及傳統加熱…等。基本上，不同烘焙方式會導致咖啡粉的香味、物質、融出率不同，可以制定各自最適合的粉水比。

像我做咖啡的個人習慣，平時的粉水比都是1：15，也就是1公克咖啡粉加15公克的水，可是某些烘焙法就不一定是這個粉水比。假設用日式慢火烘焙，咖啡粉的融出率可能更高，這時得用更高的粉水比；相反地，用某些烘焙方式，它的融出率可能變更低，這時就要把粉水比變得很濃，比如改成1：12，甚至1：8，所以粉水比不是絕對，也會受到烘焙方式影響。

重新發現飲品生命力

STEVEN：其實我們品飲威士忌的過程中也有類似狀況。從理論上來說，威士忌調配好裝瓶之後，它的風味就不會再改變了。但事實上，我們身為品飲者就會發現，當威士忌瓶塞被打開的瞬間，它就持續改變著，特別是我們碰觸一些高酒精濃度的威士忌時會特別明顯。

以前我很喜歡格蘭花格105，它高達60%的酒精濃度，很多人開瓶後就直接喝，當下覺得辣的不得了。我曾經實際比較過兩瓶格蘭花格105的經驗，一瓶是開了3個月的，一瓶是新開的，兩相比較，開瓶3個月的那瓶變甜美了，新開的那瓶果然辛辣感明顯許多，我們可以說開瓶的酒，它是進入一種醒酒的過程。

如果用剛剛James描述咖啡豆的現象來類比威士忌的話，被開瓶的瞬間，酒液就開始進行某種程度的風味變化。大部分的首席調酒師會建議，剛開瓶的威士忌可以往杯子裡加幾滴水，但同一瓶威士忌或許放了3個月或半年後，就不需要加那麼多水了，因為酒液透過氧化過程，自然而然把一些香氣分子帶出來，整體平衡度已經稍微改變，此時再透過加入不同比例的水來調整成最適合它的味道。

我想到有次做了一個實驗，倒了1盎司威士忌在同樣的冰塊上，有一杯用攪拌棒攪拌了30次，另一杯攪拌了100次，因為攪拌次數的不同，融水率就不一樣，即使是同一款酒，喝起來的味道卻截然不同。●

J AMES：這個實驗有意思，其實不管威士忌或咖啡，都是活的，它不是一個死板的飲品，我常常覺得他們是有生命的，Steven也覺得嗎？

S TEVEN：威士忌過去就被稱為「生命之水」，我肯定覺得它是有生命的，哈哈！

J AMES：從你剛剛講的例子，我就想到格蘭路思Whisky Maker's Cut也是這樣，起初開瓶喝的時候覺得很辛辣，可是放一陣子後再拿出來喝，變得好甜美啊，就覺得剛開始錯怪它了！

S TEVEN：接觸威士忌或咖啡的過程中，如果可以放大自己的感官，不只當一個單向資訊接收的消費者，甚至能認定品飲者本身也是一位創作者，用這樣的角度來思考自己跟飲品之間的對話，如此，品飲這件事就變得十分有趣了。除了品飲本身即是創作，以往推廣威士忌的過程，我發現即便是同一瓶威士忌，每個人喝起來的感受截然不同，許多人會想找到標準答案，但我認為每個人受到的教育方式和成長經驗不同、生活的環境不同，甚至思維、品味的方式也不一樣，自然沒辦法有一模一樣的答案。

7.2 萃取咖啡時的水質

STEVEN：上次拜訪你的烘豆廠時，我們還聊到沖泡咖啡的水質十分重要，我看到你所使用的濾水器溫度控制在小數點後一位的數字，這代表的意義是什麼？對你來說，水質又如何控制呢？

JAMES：一杯咖啡裡99.7％的成分都是水，所以會大幅影響一杯咖啡的香氣和口感呈現。但是，水質是沖泡一杯咖啡最最最難但也最重要的一件事。很多朋友會說，那我用最純淨的水質總可以吧？像是逆滲透的純水。但其實這是不好的，因為咖啡裡很多芳香物質需要水中的礦物質，從研磨好的咖啡粉裡把芳香物質帶出來，再融到咖啡粉裡面，這過程得靠礦物質做媒介，但又不能存在太多礦物質，而且某些礦物質有用，有些礦物質沒用，我們花很多精神在研究它。目前可以確定的是想得到一杯好咖啡，鎂的成分很重要，鈣的成分越少越好，因為鈣的成分就是所謂「鍋垢」的成分，會讓咖啡的香氣彰顯不出來。

STEVEN：所以那種具有鈣質的硬水其實是不好用的？

JAMES：對，其實是不適合的。所以我們泡咖啡有專用的水，那專用的水是用很好的濾水器把水中礦物質控制在剛剛好的程度。而第二種水是所謂的「配方水」，是由國外的實驗室研究出針對能帶出咖啡香氣最適合的礦物質，然後調配成一個粉末包，你只要用100％的純水，按照比例加入這個粉末包，使其完全溶解後，這個水就是用來沖泡咖啡最適合的水了。

STEVEN：天啊，所以一家好的咖啡店，光要把水搞好，不就要很高的成本？

JAMES：需要的，每家門市每個月就要換一支很昂貴的專用濾芯，每支將近台幣1萬元，就是為了維持好沖煮咖啡的水質。

STEVEN：為了取得一杯好咖啡得要付出這麼大的代價，但其實很多喝咖啡的人並不了解影響層面有多大。

JAMES：是的，所以即便取得很好的咖啡豆，可是用不好的水質去沖泡，它的香氣也出不來。

7.3 溫度對於烘豆、威士忌品飲之影響

STEVEN：除了水質，我另外想再了解烘豆溫度的事情。那天在烘豆廠看到烘豆完成後，所有的咖啡豆下到冷卻盤轉動，並且在很短的時間內快速把熱度給抽掉。我摸了一下，咖啡豆的確從很高的溫度一下子就變涼了，為什麼需要用如此快的時間把熱空氣抽掉呢？目的是什麼？●

JAMES：烘焙咖啡時，溫度控制是最重要的環節，我們依以往經驗訂定控制溫度上升的速度，會畫成一條升溫曲線，不同的升溫曲線會導致烘焙當批咖啡的風味、口感都不一樣。出爐之後的降溫速度同樣很重要，如果降溫速度很慢的話，已經烘焙好的咖啡會被它本身的餘溫繼續加熱，使得豆子的梅納反應持續進行，這會有兩個影響，第一個是損失香味，第二個是最後的烘焙度會比烘豆師希望的焙度更深，如此咖啡就變苦了，而且有時候一些很珍貴的香味就消失了，像花香味、水果香味會變少，甚至不見。所以我們必須很快速地把烘焙好的200多度高溫的咖啡豆控制在大約4分鐘內迅速下降到室溫。●

STEVEN：說到降溫，這跟喝威士忌時的某些觀念有點類似，有些人喝威士忌喜歡加冰塊，但我們不會選擇冰箱裡的碎冰塊。因為溶解速度太快，會稀釋掉威士忌的美味。所以通常會選擇老冰放入威士忌，老冰就是將切成鑽石的大冰塊或圓球冰放到冷凍庫，冰存在零下25°C、長達10天以上，用這樣的冰塊就能降低融水率，品飲時只需稍微攪拌幾下，讓威士忌有冰鎮效果，這時候喝起來的口感是最好的。因為不只是冰鎮而已，還進行了微融水的動作，就像在威士忌中加了幾滴水，是一樣的作用。

有些人會說加冰塊麻煩，是不是直接把威士忌放進冷凍庫，就有一樣冰鎮的作用？這個說法其實不對，直接放進冷凍庫的威士忌沒有經過適當的微融水去喚醒威士忌風味的作用，迅速冰鎮得再加上適當融水，酒液風味中的甜味跟香氣才會馬上站出來。如果選用不對的冰塊，在威士忌裡融化的速度會太快，只喝了1～2個小時，杯中威士忌的整個香氣跟口感層次就潰散掉了。●

COFFEE×WHISKY
TOPIC

8

飲品與品飲的巫術

這章我們聊⋯
Let's Talk About...

影響烘焙味道的自然動力日曆

影響品飲味道的環境氣壓

如何更妥善地保存咖啡豆不走味

8.1 喝咖啡或威士忌也要 看日曆、看天氣？

STEVEN：每次和James聊飲品，我們常用風味角度聊香氣、用科學角度探討精準製程如何創造氣味…等，但這次我想從一個比較特別的視角聊聊。我們都相信咖啡跟威士忌同樣迷人的原因，絕對不是純粹用科學計量方式達成的完美，也不是簡化的美味方程式就能確認一件事物是否美好，總有一些來自天地人的抽象因素，甚至是莫名的、沒辦法想像的不可預料的因素。

　　具體舉個例子好了，我在家會品飲葡萄酒，葡萄酒裡就有很多天地人的因素，同時它也信奉精準的製程，喝葡萄酒的時候總覺得有一塊部分不是精準的、不是完全能掌握的，也不是風土可以決定的。我的手機裡有個App程式是自然動力法的日曆，每次從酒窖裡拿葡萄酒出來喝的時候，我習慣先看看今天是果日、花日，還是根日，最有意思的是它還滿準的！常常在根日的時候，葡萄酒喝起來總有一種單寧感、澀味很重；在果日喝的時候，往往果香味特別爆發，你有沒有過這樣的感受？在咖啡的領域也有這樣的現象嗎？⬤

影響烘焙味道的自然動力日曆

JAMES：有的，這個經驗一定要跟你分享！我們在咖啡領域也試過自然動力法的日曆，它完全是吻合的。大概從 5 年前開始，就嘗試把烘焙日配合自然動力日曆。很多人會說那是偽科學，但其實是一位哲學家提出的概念，我記得是奧地利的哲學家，他發明了這套法則。我們常會形容它是西方的農民曆，是遵循大自然運作的一種法則，這種法則很難用科學去界定、很難用科學去分析。可是在我們的嘗試裡，它確實有用，例如在果日、花日的時候，我們會專門烘焙淺焙的非洲豆，烘焙成品的效果非常好。

但如果在果日烘焙味道很低沉的亞洲豆，像是蘇門答臘、曼特寧的話，曼特寧它特有的濃醇香反而不太能被展現出來。反而在根日的時候烘焙曼特寧，整個味道真是濃醇香，而且簡直是達到滿分，會非常 Earthy、非常 Full body，然後很低沉、很濃郁。我們真的從這個烘焙實驗中發現和驗證，原來果日跟花日很適合烘焙香氣型的咖啡。所以我們把所有的肯亞豆、衣索比亞豆，或是好的藝妓品種的咖啡豆都排在果日、花日烘焙，根日就拿來烘焙亞洲系咖啡，例如蘇門答臘、爪哇、印度豆，還有一些較低海拔的台灣本土咖啡豆。

STEVEN：很有意思，烘焙咖啡與自然動力法的連結似乎已不太能和所謂「精準的科學」劃上等號了，說這個是風土嗎？但同樣的咖啡豆在不同日子烘焙，似乎也跟風土脫離了關聯，所以說這算不算是某種巫術呢？哈哈！

我常和一些威士忌同好分享，面對威士忌時需有適當的謙遜，不要才喝一口就直接給了這支威士忌負評，斷言這支威士忌難喝。我家裡有個威士忌酒窖，開過的威士忌有上百支，往往要花數個月或一兩年時間才會喝完一整支酒，所

以每次喝同一支酒的時間可能是陰天、雨天，也可能是颱風天，有時候是艷陽天，甚至喝的心情也不一樣。我每次都能明顯感覺到，同一支酒在不同時間點喝起來的味道都不一樣，所以每當評鑑一支酒的時候，我不會那麼快下定論，因為過分的武斷、用一次的品飲感受就決定一支威士忌的生死，反而顯出自己思考的侷限。威士忌在不同時期，甚至在不同環境、不同的氣候，品飲起來味道應當是不一樣的，James你有沒有這樣的經驗在咖啡上？ ●

影響品飲味道的環境氣壓

JAMES：咖啡也是一樣的，我有過幾乎一模一樣的經驗！我想可能原因是，威士忌和咖啡都來自大自然且都是農產品的這個共通點，它們是活的、是有生命力的。以品飲咖啡來說，就算是同樣一批咖啡豆，甚至是同一包，在不同的日子、環境裡喝起來有很大的差別，我和店裡夥伴們特別針對這件事做過研究。發現確實有兩大原因會影響品飲感受，第一個差別是剛剛講的「自然動力日曆」，在花日、果日、根日喝同一款咖啡的感覺不一樣；第二個差別是「環境氣壓」，環境氣壓就是大氣的重量。當你喝一杯咖啡或酒的時候，會有空氣的重力壓在上面，也會影響品飲的感覺，即便是杯測同一包咖啡豆，氣壓高跟氣壓低的時候喝起來是完全不一樣的。由於每天的氣壓不一樣，所以我們烘焙廠一定要有氣壓計輔助，隨時觀察當下的氣壓是多少，以調整烘焙方式。 ●

STEVEN：真的還假的啊？一般來說，颱風天算是低氣壓，所以空氣壓的重量比較輕囉？那你覺得咖啡或威士忌的香氣會有更多的釋放嗎？ ●

iPhone手機可免費下載氣壓觀測App，可即時監控環境氣壓，根據每天的氣壓變化調整烘焙度。

JAMES：會喔，在低氣壓的時候喝威士忌，在嘴巴裡感受到的香氣比較少。在鼻腔留下的細緻香氣、揮發性香味就幾乎不見了。倒出咖啡或酒液的瞬間，壓在液體上的空氣重量是少的，很多揮發型的小分子香氣就立即跑到空氣裡了。

STEVEN：換句話說，低氣壓的情況下，聞到咖啡或威士忌的香氣反而變淡了？如果是豔陽高照的高氣壓天氣，品飲感受就比較明顯？

J AMES：沒錯，高氣壓時的香氣會特別好。尤其是存留在鼻腔的香氣、揮發性香氣、小分子香氣，通常很細緻的花香味、果香味在高氣壓的時候有最佳表現。

我還做過另外一個實驗，是在山上喝不同類型的咖啡，喝起來的味道也不一樣喔。如果在山上喝香氣型淺度烘焙的咖啡，特別是熱風式烘焙機快火烘焙的咖啡豆，品飲時的香氣會大打折扣，所以我建議在山上最好是喝深焙咖啡。第二個狀況是，在山上喝咖啡有時候會跑出很擾人、很奇怪的煙燻味，那個煙燻味有點像是咖啡豆燒焦的味道。但回到平地，也就是正常氣壓下是不會出現的，可是到了較高海拔的時候，烘焙瑕疵的淺焙豆會跑出煙燻跟焦味，這屬於烘焙上的瑕疵。

S TEVEN：這麼說來，有時候我們看到某些廣告情境會開車到山上，在一片雲霧繚繞當中，把咖啡拿出來現磨現沖，準備享受一杯完美的咖啡，似乎只是廣告效果而已？哈哈～那我想問，如果帶支威士忌去山上享用，是不是也會因為氣壓低的關係，威士忌就變得不好喝了？

J AMES：這個我也做過實驗耶，我覺得同一支酒在平地和山上喝起來的口感與味道完全不同，威士忌的香氣較少，口感變得較辛辣。

非常推薦大家親自試試看飲品的巫術，先準備一款具有細緻香氣的淺焙咖啡豆，平時在平地喝完後寫下品飲感受，等之後有機會帶到高山上再試喝一次，但記得要用同樣的方法沖泡，可以比較看看不同氣壓對品飲的差異性，當然也歡迎比較看看威士忌喔。

STEVEN：太有趣了！趁今天是高氣壓，我們趕緊喝一下威士忌，而且今天還是花日呢。那我要越俎代庖決定開這支有花香味的高原騎士了。我在前幾個月剛好去拜訪高原騎士酒廠 Highland Park，我們來試試它擁有的石楠花蜜香，加上變化很豐富的 Refill 雪莉桶 Sherry Cask，以及它用了一種特殊泥煤炭去燻烤麥芽。

大部分在蘇格蘭本島的泥煤炭由松木、橡木，苔癬所組成，或像艾雷島的泥煤炭，有些海藻帶來的風味，像是正露丸、消毒水般的味道。這家高原騎士所在地是奧克尼島，那座島上沒有很高的山，朔風野大，風吹向這個島嶼時，是直接穿越過整座島。由於沒有高山，樹木也長不高，整個島長滿了低矮灌木，也就是石楠木。那裡的泥煤炭是由島上的石楠木死亡沉積下來的，上層的泥煤炭在燃燒時能帶給威士忌石楠花蜜的氣味，有花香、有蜜香，加上 Refill 的 Sherry Cask 使用，讓威士忌擁有更多的層次，先來試試看這支，看今天的高氣壓是不是能讓我們喝出它更多層次的風味！●

JAMES：我覺得品飲的整體感受很清新，就是花果的香氣，或像草本植物這類的氣味。●

STEVEN：的確，有很多草本味，我還聞到根味這類木質調性的氣息，它沒有我們一般喝到雪莉桶感受的巧克力跟葡萄乾味道，反而是比較多辛香料的味道。然後，除了淡淡的花蜜香之外，也有更多 Woody 的味道。●

JAMES：喝起來的蜜味很明顯、很清楚，是清爽乾淨的類型，另外還有些咖啡的香氣，偏向淺焙豆那種。我也認為它不像一般重雪莉桶常見的果醬味或巧克力味。●

STEVEN：因為高原騎士使用的不是會壓過酒廠特色的雪莉桶。這家酒廠原本蒸餾出來的麥芽新酒（New Make）是細膩的。麥芽帶來了屬於奧克尼島的特殊泥煤炭風味，除了花蜜香，還添加了強勁飽滿的煙燻味進去，我很喜歡他們家的威士忌有著粗獷的煙燻味，但隱含著花蜜的細緻氣味，跟一般艾雷島那種狂暴的泥煤炭味是很不一樣的。我必須老實說，有時候喝高原騎士會覺得不太好喝，有時候喝卻覺得無比驚艷，就是因為它的氣味不是透過強大的雪莉桶去給予的味道，沒有被重雪莉風味拘束住，反而隨著品飲當下的環境、氣候、大氣壓力、不同時間點，帶來更多有趣的表現。●

JAMES：我也很喜歡這支威士忌的花蜜味，在我以往的品飲經驗裡，發現風味越細緻的飲料就越受到這些因素影響。像瑰夏這個品種的咖啡，它是味道最細緻的、擁有最多的花香、最多的蜜味，像這種咖啡往往常受到我們剛才聊的所謂「巫術」的影響，如同你說喝威士忌的感受，的確在不同的品飲環境、氣壓、不同的果日花日或耕日，喝起來就完全不一樣。

即便出自同個集團，卻因酒廠精神而各自精采

STEVEN：看來高原騎士也把維京人的巫術放進這支酒裡了，它的泥煤炭味是很細膩的，帶著花蜜味，不是消毒水味的，是能細細品嚐的類型。

接下來我想分享這支麥卡倫，它的主題正是咖啡。James是知名的咖啡烘焙師，我想透過你的專業來研究一下，麥卡倫這支酒所做的咖啡味道，實際上和真正的咖啡有沒有很相似的感覺。據說他們做這支酒的時候找了國外咖啡師合作，但其實雪莉桶風味的威士忌本身就有一些像咖啡豆或可可豆的氣味在其中。少數威士忌的咖啡味是透過深度的麥芽烘焙造就而成，他們將大麥烘焙到所謂的「焦糖麥芽」程度，製作威士忌自然會產生類似咖啡般的香氣。但這支麥卡倫的咖啡味不是使用重度烘焙麥芽做的，它純粹是首席調酒師使用調配技法在酒液中凸顯出咖啡的氣味，我們來試試看。

JAMES：哇，這支跟高原騎士就是截然不同的反差了，麥卡倫的咖啡味屬於中深度烘焙，高原騎士的咖啡味是淺度烘焙的咖啡味，像是梅納反應特有的烘焙氣味，整個是比較Low-key的，聞起來就沒有麥卡倫這支那麼奔放。

STEVEN：對對對，高原騎士讓人感受到的是烘烤至有點焦化的香氣，偏向自然產生的咖啡味，是一絲絲若隱若現的氣息，而麥卡倫的咖啡味就重多了。

　　其實高原騎士跟麥卡倫這兩家的威士忌酒廠皆來自於愛丁頓集團，雖然他們都使用來自同一個集團最頂尖的雪莉桶，但是兩家酒廠的核心精神不一樣，所以對我來說是兩支截然不同的酒。麥卡倫這支，基本上屬於濃醇香型，透過小型蒸餾器、取較小的酒心，蒸餾出馥郁飽滿、油酯圓潤的酒體，因此適合與比較重的雪莉桶風味做搭配，大概屬於日式老店咖啡那種濃醇香，而且從頭到尾的口感是一致的，不管什麼時候喝麥卡倫，都能展現飽滿圓潤的口感，這就是它的酒廠精神。同樣使用雪莉桶的高原騎士卻完全不一樣，它的酒液顏色稍微淡一些，然後蘊含了在地泥煤炭煙燻出來飄忽的花蜜香。

雖然一樣都用雪莉桶，卻因為最原始的麥芽新酒的本質不同，以致於在同個集團中卻能做出兩種完全不同風格的威士忌，太有趣了。以我個人的經驗，一般的消費者絕大多數會喜歡麥卡倫這樣的風格，但對於自己的味蕾開發程度比較高的老饕，偏向享受高原騎士這種風味變化，而不是追求單一順口的美感。這兩支威士忌對我來說都是好酒，各自說出不同的故事，也給予我們不同的風味體驗。●

JAMES：我大概喝得出來調酒師對於這支麥卡倫的想法，他是用很綿長的餘韻來模擬咖啡的後韻。因為咖啡很強調後味、餘味（Aftertaste），也就是喝完咖啡後在嘴巴裡留下的氣味。而這支的Aftertaste很綿長，喝下去的味道可以留在口腔中，有雪莉桶的果乾氣味，還有像是無糖巧克力般很舒服的、微微的苦韻，散佈在整個口腔裡，所以喝完後的感覺跟喝完一口咖啡的感覺有點相似。●

STEVEN：我也覺得它的咖啡口感是很清楚的。這也讓我聯想到，在每個時代裡的威士忌或葡萄酒會做出什麼樣子，有很大的程度是被評鑑方式和制度所影響。什麼樣的威士忌能得到更高的分數、能被市場追捧，有越來越多的威士忌慢慢就變成那個樣子，畢竟大家都想被評鑑出更高的分數，賣得更好、價格更高，葡萄酒的世界也是這樣子，甚至更嚴重。曾經因為Robert Parker喜歡濃醇香的波爾多葡萄酒，以致於全世界不計其數的葡萄酒農都在做濃醇香的波爾多風格葡萄酒。

威士忌市場也差不多，以威士忌評鑑的標準來說，尾韻長短很重要、口味飽滿很重要、香氣濃郁很重要。所以用傳統的威士忌評鑑方式來比較這兩支的話，像麥卡倫這種比較重的雪莉桶以及油脂豐厚的酒款就佔了優勢，也的確在

我們剛剛試酒的過程，麥卡倫這支的尾韻更長，口感更飽和、香氣更強烈。

但以我們這種威士忌老饕來說，我們比較傾向去感受每一支酒，因為它們來自於不同土地、不同的製酒者、不同的蒸餾器、不同發酵時間，以及取出不同的酒心所做出來的，所以風味本來就不一樣。我們應該去感受每家酒廠的美好，而不是執著於評定威士忌的好壞、對錯、高低、優劣，把大家認為的90分請上神壇，大家說70分的酒就倒進馬桶裡。想想看，如果我們把評鑑標準反過來，尾韻長短不重要、細膩的花香調評分比較高，口味重的評分反而比較低的話，那市場肯定會顛倒過來，酒廠也因此開始專做一些細膩風格的威士忌。所以評鑑方式影響了部分的市場環境，以及人們對於威士忌的價值判定。在咖啡的市場有沒有這樣的狀況？ ●

對品飲的愛好，往往反映出一個人的內在性格

JAMES：有非常類似的情況，在咖啡的市場裡有咖啡評鑑（Coffee Review），Kenneth Davids算是這方面的權威，他會幫咖啡打分數。他會打比較高分的通常是果香味、花香味一定要很足夠，再來是Body也必須足夠，所以他評高分的烘焙度就變成一個最佳烘焙度，大概是淺度烘焙，但是沒有到極淺。他會把艾格狀數值控制在一個有點淺又不會太淺的範圍，然後用香氣非常好的咖啡豆，比方說瑰夏這樣的品種，或者用些特殊厭氧處理法的咖啡，讓咖啡豆香氣特別爆棚、特別強烈，這樣評鑑時就可以搶到好分數，所以現在這種咖啡豆就變成所謂的「第三波咖啡」裡的主流。

如果也以現階段評鑑方式來比較剛才聊的麥卡倫和高原騎士，可能麥卡倫

的分數會比較高對不對？

S TEVEN：如果用傳統威士忌的評鑑方式，肯定是麥卡倫比較高，因為評
鑑者建立的價值觀影響了品飲者的價值觀。那你個人的喜好呢？

J AMES：這兩支威士忌都非常迷人，真的都非常好喝，但以我個人來說
的話，一定選高原騎士這支。因為它的味道很奔放、細緻、味道細膩，
喝得到很多飽滿的花蜜味。酒液入口一陣子後，有個白色花香的味道出現，真

的太迷人了，而且是很清楚的花香。在咖啡的世界裡，最貴的咖啡就是花香調，花香味是我們烘豆師很珍惜的味道。●

STEVEN：我剛剛先聞麥卡倫，再聞高原騎士Highland park，兩個花香味就被對比出來，的確很清楚。威士忌和咖啡很像，想做出花香味也不容易，因為橡木桶下得越重，花香就越容易消失、被蓋掉了，然後油脂豐厚的原酒也不容易產生。花香味屬於比較輕的味道，需要更細膩的蒸餾技術。大多數品飲者追求濃醇香，酒液多半只從喉嚨借過，能感受的只有瞬間而已。但是慢慢品嚐一杯威士忌，可以喝好長一段時間，感受它不斷地變化，有一層層的風味展現出來，這是兩種不同的品飲概念。只要看人們選擇什麼樣的威士忌，或多或少就能分辨是用什麼方式喝威士忌的，同時也可以反映出一個人內在的性格。●

8.2 威士忌的時間之味 &
咖啡得趁鮮品嚐

STEVEN：最後，我們來聊聊時間對於飲品的影響及保存。有些人會擔心威士忌開瓶後很快壞掉或走味，總是急急忙忙地想趕快喝完，因為他們把葡萄酒的觀念拿來套用在威士忌上。但其實威士忌的酒精濃度這麼高，它可以醒酒的時間是長於葡萄酒的，我自己在家裡面開過的威士忌有上百瓶，都是慢慢喝，隨著時間品嚐它緩慢的變化。一般喝葡萄酒的時候，有些昂貴的葡萄酒醒酒得要醒好幾個小時，甚至有一些還要醒好幾天才能醒得過來，就像法國的貴腐甜白酒Sauternes，它甚至需要醒好幾個月的時間。所以打開威士忌後，不用急著喝完整瓶，多開幾瓶不同風味的威士忌放在家裡，感受開瓶之後的風味變化，我覺得這是威士忌的美麗之一。●

JAMES：這是咖啡人很羨慕威士忌的一個部分，就是耐得住時間的保存性。因為咖啡豆一旦烘焙好，就開始老化了，即使用盡各種方法也只能減緩老化速度。一般而言，咖啡老化速度和烘焙方式有關，假如是快火烘焙，老化速度很快；慢火烘焙的話，老化速度就相對較慢。所謂「老化速度越慢」的意思是它越耐放，所以其實以保存性最佳的慢火、中深度烘焙咖啡來說，只要不拆封的話，最多只能在室溫下存放1年左右，超過1年以上的話，味道還是會餿掉。

如何妥善保存咖啡豆不走味

保存咖啡豆的條件最好是比較涼快的室溫空間，環境溫度越高，咖啡老化速度越快；溫度越低，老化速度越慢，這點跟葡萄酒很像，咖啡豆的最佳儲存溫度是攝氏15～25℃之間，如果到30℃以上，像台灣夏天的溫度就會讓咖啡豆急速老化。急速老化是技術上的說法，也就是說它很快就走味了。通常新鮮咖啡豆會有很香、很濃郁的豐富味道，但夏天時擺在室溫環境只要3個月，你會發現怎麼有股油耗味，甚至餿化的味道，那就是咖啡豆已經老化了，所以保存時也需留意空間裡的溫度。

買咖啡豆回家後的保存方式非常重要，因為咖啡豆怕光、怕熱，還怕振動。所以第一個重點是避免把咖啡豆放在會發熱的電器旁邊，尤其是熱水瓶，有些人為了沖泡時方便拿取，常會把豆子放在熱水瓶旁邊。第二個是不宜放在窗邊，因為陽光照射會使咖啡豆很快地劣化。第三個是避免振動，例如不能擺在冷氣壓縮機旁邊，因為振動也會加速咖啡豆老化。所以買回家的咖啡豆、咖啡粉都要放在陰涼、照不到光線的地方，而且必須是有氣密效果的，不能讓空氣中的濕氣進到咖啡豆裡，這樣就能保存得很好。

有些人會說，那放冰箱就可以解決溫度問題了吧？就算把咖啡豆放冰箱冷藏也會老化，所以要直接放冷凍庫。其實要長期儲存咖啡豆非常不容易，像我個人有個習慣，只要聽說世界各地哪家烘焙廠特別有名，或得了一個很厲害的獎，我就會設法買到那些咖啡豆，往往付了比咖啡豆本身貴好幾倍的運費運回台灣，有時運費就要1萬多台幣，但豆子才幾千塊。拿到豆子之後，我會立刻用鋁箔袋把豆子分成小包裝並且密封，再放冷凍庫保存。

這是我的 Coffee Libery（咖啡豆資料庫），所以我的冷凍庫裡蒐集了來自世界各地著名的、優秀的烘焙師們烘焙的咖啡豆。比如捷克有位烘焙師，他的風格很有趣，如果哪天想回味他咖啡的味道，我就會到冷凍庫找出來並進行沖煮，但就算用這樣的方式冷凍咖啡豆也有保存期限。我自己試過，最多不能超過2年，不然待豆子回溫後就會出現「木乃伊效應」。你有沒有聽過在埃及挖出木乃伊時，歷史學家發現木乃伊身上的繃帶剛解開時的皮膚還有彈性喔，但在5分鐘內就迅速崩解，過15分鐘後就變成一堆灰了。長期冷凍過的咖啡豆就是這樣，一接觸氧氣會迅速老化，剛解凍時聞得到豆子香味，搶時

間在5秒內沖入熱水立刻喝，還喝得到香味，但把豆子解凍後打開包裝，在室溫中放著，它會像木乃伊一樣，5分鐘後就出現咖啡變質的餿味了，10分鐘後更毫無香味。咖啡豆很妙，會以非常快的速度衰敗，所以就算是買到我認為最棒的咖啡，很值得收藏，但目前也沒有辦法完美地永久典藏任何一款咖啡豆，但威士忌卻可以做到這點！●

S TEVEN：威士忌的確在時間這方面是比較友善的，而且威士忌的「木乃伊」好像有時候還比較香，哈～有時候喝完威士忌後忘了洗杯子，隔天把桌上的杯子拿起來嗅聞，杯底超級香的。很多人不能接受威士忌，是因為高酒精濃度的關係，以致於不能直面地認識威士忌中美好的芳香物質，但當你試著把它倒進杯裡喝光，讓杯底殘留酒液裡的酒精揮發到空氣中，這時再聞看看，就能感受到原本透過酒精保存的絕美香氣，加上鬱金香杯有聚香作用，所以很多人在品酒過程一不小心就愛上杯底的餘香。●

●● 執杯大師酒單！

高原騎士12年
單一麥芽威士忌
Highland Park 12 Years Old
Single Malt Whisky

麥卡倫 協奏曲系列阿拉比卡咖啡
單一麥芽威士忌
Macallan Harmony Collection
Inspired By Intense Arabica
Single Malt Whisky

COFFEE×WHISKY
TOPIC

9

咖啡結合威士忌的調飲設計

Chai印度風香料奶茶

材料

二號砂糖…5g
牛奶…5ml
鮮奶油…5ml
薑片…1片（抹杯口）

搭配酒款

印度 保羅約翰 極樂單一麥芽威士忌…5.5ml
Paul John Classic Select Cask Indian Single Malt
Whisky

搭配豆款

印度 風漬馬拉巴咖啡，萃取後取30ml

做法

用愛樂壓先進行咖啡萃取，使用稍高粉水比（1：12）增加咖啡濃厚度，倒入
加了砂糖的杯中，依序倒進威士忌、牛奶、鮮奶油，攪拌均勻後冰鎮降溫，
在杯口抹一下薑片，再倒入預先冰鎮的杯中即完成。

JAMES

烘豆師創作想法
IDEA

使用帶有明顯香料風味的印度「風漬馬拉巴」咖啡豆，與帶有香料、蕈菇氣味的Paul John威士忌來模擬印度傳統香料奶茶「Chai」。在印度，傳統上Chai只做熱飲，我們做個變化，以冰飲呈現小杯且味道又濃郁的飲品，材料只有咖啡、威士忌、牛奶與鮮奶油，完全不放印度香料，整杯卻呈現出有趣的印度香料風味。威士忌只加少量，目的是取其香氣與咖啡結合，因此不算「咖啡調酒」，可稱之為「以威士忌調味的咖啡」。

STEVEN

執杯大師品飲筆記
NOTE

人的嗅覺和味覺比我們以為的更有想像力，隱約的美麗比過份直白的裝扮更能感動人心。這杯發想自印度奶茶的咖啡沒有添加印度香料，也沒有茶，卻讓一杯咖啡喝起來像是香料般的萬花筒。

我們常描述威士忌中有辛香料的味道，但那不是添加了辛香料般氣味的濃烈霸氣，而是萃取自木質調非常細微的隱約之美，印度威士忌中正有如此的特質，而這杯咖啡選用的豆子，以中重火焙出些許的辛香料風味亦是如此，有異曲同工之妙。

當印度威士忌加入奶油咖啡之中，彼此相融的醇厚，最後加上一顆八角浮在咖啡液面，透過茴香的畫龍點睛，嗅覺彷彿被喚醒一般，喝起來味覺感受辛香十足，是杯神奇而美好的咖啡作品。

太妃甜心

材料

鮮奶油…15ml
二號砂糖…15g

裝飾物

威士忌鮮奶油、
可可脆粒、鹽片

搭配酒款

格蘭冠18年單一麥芽威士忌…6ml
Glen Grant 18 Years Old Single Malt Whisky

搭配豆款

Fika Fika 南義藍洞綜合咖啡，萃取後取40ml

做法

先進行咖啡萃取，並且冰鎮冷卻。在杯中加入砂糖、倒入咖啡液攪拌均勻，
取一個馬丁尼杯，先放上碎冰，倒入調好的咖啡液，頂端鋪上事先準備好的
威士忌鮮奶油（依個人口味喜好，將適量威士忌加入鮮奶油中拌勻後打發），
撒上可可脆粒及鹽片即完成。

JAMES

Fika Fika「南義藍洞」是一款帶有沉厚焦糖香氣的深焙咖啡，將之萃取成咖啡汁液，進行冰鎮後加入有「波本桶威士忌教科書」之稱、帶有清爽香草風味的格蘭冠18年威士忌，兩者氣味相互襯托，讓彼此的風味都更顯鮮明，入口如同流質太妃糖飲品，帶著白巧克力甜香，質感滑順。

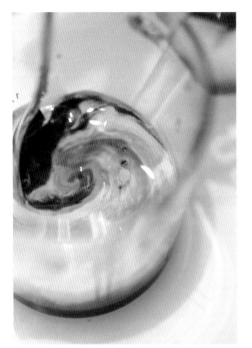

STEVEN

讀大學時最喜歡的一本書是米蘭昆德拉的《生命中不能承受之輕》，喜歡那本書的理由，不是因為深刻的愛情故事，也不是因為男主角堂而皇之的「渣」，而是因為那是年輕時期的我，第一次開始思考生命中的輕與重、黑與白、進與退的辨證關係。生命中每件事物與其反義詞似乎不是對立的關係，而是一體兩面，這或許也是後來的我愛上學習易經的理由吧！

這杯咖啡選用烘焙最厚重的咖啡豆，調和蘇格蘭最輕盈的格蘭冠威士忌，那無與倫比的咖啡焦香和細緻優雅的香草味威士忌，彷彿美女與野獸，毫不違和地牽起手翩翩起舞。舞池中央是加了威士忌的手打奶油，輕輕撒上海鹽和可可脆粒，有甜有鹹、有驚喜、有微醺，就像愛情一樣，裡面有繾綣難捨的沉醉，同時有讓人張不開眼的鹹鹹的淚。

COFFEE×WHISKY RECIPE 03

森林精靈

材料

吉利丁片⋯1.3g
桂花蒸餾液⋯少許

搭配酒款

白州單一麥芽威士忌⋯4ml
The Hakushu Japanese Single Malt Whisky

搭配豆款

台灣南投國姓鄉「百勝村」咖啡豆，製成咖啡凍後
取100g

做法

使用冰水先將吉利丁片泡軟，捏乾後加進事先萃取並且冰鎮冷卻的咖啡，製
作成咖啡凍。將咖啡凍切碎，放入杯中，頂端淋上威士忌，噴灑少許新鮮桂
花蒸餾液即完成。

這是一款用「吃的」調飲，南投國姓鄉「百勝村」咖啡淺焙之後具有鳳梨、杏桃…等熱帶水果風味，製作成軟Q的咖啡凍，搭配蘊含清新森林氣息、白葡萄氣息的白州威士忌，形成清新的山林風味，點綴上少許桂花蒸餾液增加鼻腔香氣，讓咖啡凍入口後的香氣能從口腔綿延到鼻腔。

STEVEN

執杯大師品飲筆記
NOTE

下著雪的阿爾卑斯山麓，我在日本白州蒸餾所，眺望著藏在遠方雲裡的富士山，嘴裡咽下的那一口白州威士忌，喉嚨滑過的不是燥熱，而是沁涼。剛從冰箱拿出來的咖啡凍，比豆花更嫩滑，比布丁更綿柔，跟著白州威士忌一起滑進了我的心坎裏，它讓我想起了那一年我的日本酒廠旅行。

我對咖啡貧乏的想像力被局限在平常生活的習慣，熱咖啡或是冰咖啡？而這杯咖啡作品卻以咖啡凍的方式展現，口中的綿滑和沁涼顛覆了我對咖啡的既定印象，香氣是白州的森林芬多精，而口感是那白雪季節的陣陣涼意，喝的彷彿不是咖啡，是我心中的魂縈夢繫。

美味不只是美味，有時候我們喝到的是美好的記憶。

秘境薰香

材料

糖水⋯5ml
檸檬汁⋯2ml
氣泡水⋯適量
新鮮迷迭香⋯1株

搭配酒款

拉弗格1/4桶 單一麥芽威士忌⋯20ml
Laphroaig Quarter Cask Single Malt Whisky

搭配豆款

衣索比亞・古吉區・罕貝拉「花蝶」日曬處理
中深度烘焙，萃取後取50ml

做法

進行咖啡萃取後冰鎮降溫，依序將威士忌、糖水、檸檬汁加入杯中，放入冰
塊，加氣泡水至八分滿，放入新鮮迷迭香即完成。

JAMES

烘豆師創作想法
IDEA

融合東非日曬衣索比亞咖啡的豐富風味，與艾雷島泥煤威士忌的獨特泥煤炭質地，以及迷迭香的草本清新香氣，讓品飲者在每一口中都感受到神秘、深邃且充滿想像力的味覺之旅。

艾雷島的泥煤炭風味屬於低頻、深沉、讓人聯想到「暗色」的味道，淺焙衣索比亞日曬豆屬於高頻、輕快、讓人聯想到「明亮」的熱帶水果風味，兩者在風味上互補，能夠襯托出彼此，而且完美銜接。

咖啡檸檬氣泡水加艾雷島威士忌會是什麼味道？君臣佐使之道，何者為君？何者為臣？讓同樣的酒譜喝起來兩樣情。咖啡館中的威士忌沙瓦，讓威士忌成了咖啡的配角，而來自蘇格蘭個性強烈且擁有獨特消毒水風味的拉弗格威士忌，不甘心成為咖啡的陪襯，到底會是誰勝誰負？

這杯冰咖啡讓我想起上個月我在倫敦的Fortnum&Mason喝的下午茶，我們點了一瓶香檳，那瓶看似香檳卻是用西洋茶和各式香草調配的無酒精飲品，裝瓶之後，如同香檳一樣，在瓶中加入糖和酵母，進行瓶中發酵產生氣泡。喝起來如同香檳，卻是茶飲。這杯看似冰咖啡的飲品有異曲同工之妙，從鼻腔嗅聞到滿滿迷迭香的氣味，到入口如茶飲般的風格，尾韻卻繚繞著艾雷島威士忌的泥煤味，全然不似咖啡的奇幻感受。

我們好幸運活在一個美好的時代，只要我們願意，隨時都能進入味覺的探險。

巧克微醺

材料

糖水⋯10ml
鮮奶油⋯20ml

裝飾物

咖啡豆、可可粉

搭配酒款

麥卡倫12年單一麥芽威士忌⋯100ml
Macallan 12 Years Old Double Cask Single Malt
Whisky

搭配豆款

Fika Fika「巧克甜心」綜合咖啡，萃取後取20ml

做法

先將咖啡粉加入威士忌，經由低溫長時間浸泡法冷萃，製作成酒漬（酒萃）咖啡，24小時後將咖啡濾渣，再加入糖水後攪拌均勻。杯口先沾一圈可可粉，倒入冰鎮的咖啡威士忌，擠上鮮奶油，使其漂浮在咖啡液頂端，點綴一顆咖啡豆裝飾即完成。

JAMES

烘豆師創作想法
IDEA

Fika Fika「巧克甜心」是一款利用產區特色，以及烘焙調配技術表現出巧克力風味的綜合咖啡，與口感豐厚、經典雪莉桶風味的麥卡倫12年單一麥芽威士忌帶有的可可韻味互相銜接呼應，創造出一杯不含巧克力成分，卻有著如同65％黑巧克力風味的特殊調飲，口感滑順，餘韻綿長。

水能萃咖啡，酒也能。酒與水的特質不同，萃出來的風味也不同。水萃要思考粉水比例，而酒萃就像是踩地雷一樣，必須透過大量的實驗，用不同品種的豆子、不同烘焙度的豆子，和不同的威士忌碰撞，直到冒出來的火花跟101跨年煙火一樣美麗才算成功。當你以為自己已經在實驗中摸索到了一定的規律，現實馬上就會打臉；當你以為這組合出來的味道已經變不出新花樣時，往往柳暗花明又一村。當我一邊喝著這杯咖啡，一邊詢問著James酒萃的技巧時，他面露尷尬又無可奈何的表情如此回答我。

這杯用麥卡倫的酒萃咖啡讓我非常驚豔，它表現出來的不是雪莉桶的複雜深沉，反而是厚實的口感中帶著清爽，濃郁中帶著明亮繽紛，最沉鬱的口感則是杯緣的可可粉所給予的。

下午，我坐在窗邊喝著這杯咖啡，外面剛下過雨，從雲裡露出頭的陽光正好鑽進來曬在臉上，這杯喝起來完全沒有酒味的酒萃咖啡，竟讓我感覺臉熱烘烘的，問了一下，原來是沒兌水的酒萃，酒精濃度不低，真好，原來喝咖啡也能微醺。

四味果汁

材料

百香果汁…15ml
葡萄柚汁…25ml
氣泡水…適量

搭配酒款

歐肯白蘇維濃桶單一麥芽威士忌…30ml
Auchentoshan Sauvignon Blanc Finish Single
Scotch Malt Whisky

搭配豆款

Fika Fika「卡布里布理」綜合咖啡，萃取後取30ml

做法

將萃取好的Espresso倒入小杯備用，在另一個玻璃杯中依序倒入百香果汁、葡萄柚汁、威士忌與少量碎冰，再加入氣泡水至八分滿即完成。飲用前再投入小杯萃取好的Espresso（類似「深水炸彈」調酒的飲用方式）。

JAMES

這款飲品的創作發想是來自嘉義地區特有的傳統飲料「四味果汁」，以兩種果汁加上風味清爽口感輕盈的三次蒸餾「歐肯」單一麥芽威士忌，酒廠採用目前蘇格蘭少見的三次蒸餾，味道清新通透，有一種輕盈透明的感覺，白葡萄酒橡木桶陳年過的果香氣息與新鮮現榨果汁彼此呼應，加上濃縮咖啡Espresso，造成四種口感與風味層次，果香、酒香、咖啡香，每一口都充滿驚喜與變化。

嘉義有家50年的老店賣四味果汁，用了一年四季都容易取得的四樣水果：鳳梨、木瓜、芭樂、檸檬，儼然成為經典。這杯咖啡正是從四味果汁發想而來，一味葡萄柚汁、一味百香果汁、一味咖啡、一味威士忌，這一味咖啡亦能烘焙出果香，另一味威士忌用白葡萄酒橡木桶同樣陳年出果香四溢。

這杯的喝法特別，像是酒吧老饕暱稱的深水炸彈，也像是近年韓劇流行的燒酒喝法，把一小杯的燒酒沉入啤酒中，一口飲盡。不過喝咖啡不用像喝酒一樣拼命，慢慢喝就可以。

將一口杯的濃醇咖啡沉入 Highball 杯中，加上蘇打水的新鮮百香果和葡萄柚汁，馬上湧現細膩的大量氣泡，喝起來是像是酸甜的茶飲，長杯套小杯的喝法，讓咖啡慢慢釋放出來融合果汁，每一口的風味都不同，由淺入深，由淡至濃，漸入佳境。

聖誕夜熱紅酒

材料

熱紅酒用綜合香料…1包
二號砂糖…15g
水…180ml
新鮮柳橙片…2片

裝飾物

肉桂棒

搭配酒款

艾莎貝單一麥芽威士忌…30ml
Ailsa Bay Single Malt Whisky

搭配豆款

衣索比亞-古吉・日曬處理 深焙 10g
（製成咖啡包使用）

做法

將水煮沸，依序加入咖啡包以外的食材、威士忌與熱紅酒用綜合香料，以小火
煮2分鐘後加入咖啡包後熄火，浸泡1分鐘，再將所有食材濾出，最後放入肉桂
棒即完成。

JAMES

以熱紅酒為概念發想這杯咖啡威士忌調飲，兩種烘焙度的衣索比亞日曬咖啡分別提供葡萄果乾、果醬與香料氣息，Ailsa Bay單一麥芽威士忌採用高地泥煤，帶有煙燻、灰燼氣味，讓人聯想到聖誕夜家人圍坐壁爐旁，柴火批哩啪拉燃燒的氣味和節慶氛圍，熱熱喝，充滿溫暖微醺感。

第一次喝熱紅酒是在歐洲的旅行中，患了短暫且不太嚴重的感冒，我所拜訪的葡萄酒莊老闆親自在家中廚房幫我煮了一小鍋熱紅酒，看他隨手切開柳橙、蘋果，撒上一點肉桂、八角、丁香的辛香料，將紅酒煮開，倒在咖啡杯裡給我喝，同在餐桌上的一群朋友，一人也順道倒一杯，大家都喝了起來，那溫暖的感受，至今難忘。

這杯咖啡從熱紅酒發想而來，把葡萄酒換成了咖啡加上威士忌，艾莎貝這家新開的實驗酒廠，我恰好去拜訪過，與其他威士忌酒廠有固定的酒廠特色不同，他們特意製作了7、8種不同風味設定的麥芽新酒，而這支威士忌設定了甜中略帶煙燻風味，恰恰與中焙咖啡略帶的焦香，以及跟著烹煮的辛香料味，還有切成塊狀的新鮮柳橙呼應，煮出果味十足、溫潤暖心的咖啡，微微飄浮著的威士忌香氣，沒有太多的酒味，更多是香草和麥芽的甜蜜。 這杯咖啡很適合在寒冷的冬天喝，嘴裡滿滿的溫暖，以及美好的回憶。

COFFEE×WHISKY RECIPE 08

裸麥烤焦糖拿鐵

材料

二號砂糖…適量

搭配酒款

老爹帽裸麥威士忌…4ml
Dad's Hat Pennsylvania Rye American Whiskey

搭配豆款

卡布里布理 綜合咖啡，製成Espresso後取30ml

做法

以咖啡機萃取Espresso，將濃縮咖啡、威士忌倒入杯中，再以蒸汽將牛奶打發，加入杯中，於頂端均勻撒上一層二號砂糖，以噴火槍炙燒至形成一層焦糖脆殼即完成。

JAMES 烘豆師創作想法
IDEA

「老爹帽」裸麥威士忌具有鮮明、迷人的裸麥威士忌特色，搭配加奶咖啡，裸麥與香料氣味透過奶香與咖啡香而出，讓原本口感滑順甘醇的拿鐵添增鼻腔裡的香料氣息，焦糖脆殼讓品飲更有層次，焦糖、裸麥、咖啡、奶香交織成和諧甜美的味譜。

第一口喝這杯咖啡時，我的嘴唇碰了軟釘子，原來以為能順利喝上一口咖啡，卻被覆蓋在奶泡表層的焦糖擋了下來，是十分讓人驚奇的體驗，我在咖啡師的引導下，輕輕用湯匙敲碎焦糖，用湯匙舀起那特意手打出來綿密至極的奶泡，混合著焦糖碎片，和些許濃厚的中度烘焙咖啡，啊～感覺像是蘭姆葡萄帶著酒味的熱冰淇淋，又像是厚實奶香的焦糖布丁。

待咖啡杯口清出一片天地，我忍不住放下湯匙，就嘴吸上一大口其中加了裸麥威士忌的咖啡，在這甜蜜之下竟暗藏著微醺。這杯咖啡從一開始就讓自己習以為常的觀念碰壁，當我願意符合它訂下的規矩時，它又給我驚喜。一重重風味上的柳暗花明，讓一杯看起來如此平凡的咖啡，卻如此不凡。喝完這杯咖啡，我拼命纏著幫我煮咖啡的老師，非得教教我如何把奶泡打得這麼紮實豐厚。

梅香泥煤咖啡

材料

糖水…10ml
氣泡水…適量
酸梅…1顆

搭配酒款

雅柏單一麥芽威士忌…8ml
Ardbeg Single Malt Whisky

搭配豆款

拉肯果香拿鐵 綜合咖啡，萃取後取30ml

做法

進行咖啡萃取，依序加入咖啡、威士忌、糖水，加入冰塊，倒入氣泡水至八
分滿，最後放入酸梅即完成。

艾雷島 Ardbeg 威士忌以強勁的泥煤風味著名，伴隨著泥煤氣味底下是甜美的
果香氣息，我們使用淺焙果香風味咖啡與之搭配結合，咖啡與威士忌的果香
互相連結襯托出上層的泥煤煙燻風味，品飲時呈現出梅子的酸甜氣味，因此
特意搭配酸梅增加梅香的鼻腔嗅覺暗示，這是一款看似重口味，實則清爽的
威咖飲品。

在威士忌的世界，濃郁至極的煙燻泥煤味讓我們下意識聯想到艾雷島上的蘇格蘭威士忌，特別是來自雅柏Ardbeg酒廠，那平均高達55ppm的泥煤濃度，嚇退了不少人，同時也擄獲了不少人的芳心。

這杯冰咖啡加上蘇打水，淋上艾雷島的威士忌，在杯子裡裝飾酸梅乾，看似舉重若輕，骨子裡卻舉輕若重。這杯咖啡喝起來清爽迷人、充滿果香氣息，帶著氣泡的蘇打水更是把厚實口感中輕盈的香氣提了出來。輕啜第一口，強大的艾雷島泥煤炭味像在我的味蕾上揮了一記重拳，原來懸浮在咖啡表面的威士忌，一股腦兒全被第一口喝得精光，這一記重擊讓人昏沉，卻沒想到後段咖啡的覺醒從現在才真正開始。

蘇打水和咖啡融合的比例由淺入深，一開始喝起來十分清爽，隨著這杯咖啡一路往下探索，越喝越濃郁，每一口都展現不同融合程度的美麗。加上第一口的艾雷重擊，讓人忍不住在每一口裡尋找它殘留下來的味道，於是乎，從第一口的昏沉，越喝越清醒。而留在咖啡裡的那顆酸梅，隨著時間慢慢溶出味道，而且越來越有味道。這是一杯有哲理的咖啡，彷彿人生對愛情的追求，威士忌是一見傾心，咖啡是理性，蘇打水是潤滑劑，那看似一開始存在感很低的酸梅，卻是時間中震聾發聵的暮鼓晨鐘啊！

美好年代

搭配酒款

美格46波本威士忌…7ml
Maker's Mark 46 Bourbon Whiskey

搭配豆款

蘇門答臘林東區 藍湖巴塔克 陳年曼特寧（陳年5年）
萃取後取50ml

做法

進行咖啡萃取，將咖啡液充分冰鎮後倒在事先放入冰塊的杯中，再淋上威
士忌即完成。

JAMES

陳年曼特寧具有獨特的溫潤口感、紅木家具與甘草、香料氣息，淋上美格波本威士忌後為原本沉厚的咖啡添增一層優雅的上昇香氣，並交互撞擊出現紅葡萄酒氣味，讓品飲者彷彿回到往日時光，重溫美好年代。

美格46使用法國全新橡木桶熟成，帶來清新怡人的木質氣息，能夠與陳年曼特寧特有的木質調銜接，並進一步擴大、提升至鼻腔香氣，讓整杯飲品散發一種高貴優雅的氣質。

這杯咖啡是杯無與倫比的創作，當我喝下第一口時，馬上浮現在我的腦海中是法國布根地最頂尖特級園的氣味。我從來沒想過能在一杯咖啡中能喝出最頂尖的葡萄酒風味，恍惚了許久，我再嗅聞了一次，沒錯，這不是我的錯覺，再聞一次，沒錯，這不是一閃而逝的巧合，我一聞再聞，彷彿沉醉在一杯絕美的康帝園之中，那優雅的花香、細膩的香草蛋糕、甜美的太妃糖、馥郁的果香、深邃的橡木香…讓我幾乎忘了自己正在嗅聞的是一杯咖啡。

很顯然James也訝異我有如此激動的反應，因為這杯咖啡作品也是他這次創作中最喜歡的一杯。於是我們一起探索起，這杯咖啡為什麼能爆發出如此驚人的美麗，James使用陳年曼特寧來製作這杯咖啡，有種甜香和略帶深度木質調的香氣，而我以自己對威士忌的理解，分析選用軟紅冬小麥為原料的美格，使用上會比一般的威士忌帶來渾厚卻細膩的高級感，加上美國威士忌新桶的使用，讓咖啡中木質調的氣味相輔相成，而美格46這支酒更特別用了法國全新橡木來熟成威士忌，與法國特級園葡萄酒使用法國全新橡木桶的工序如出一轍，難怪飄浮在咖啡中的香氣如此似曾相識。端著這杯咖啡，我突然若有所悟，啊～這個杯子的形狀正如同葡萄酒的布根地杯，好的作品也要正確的杯型，才能讓品飲者全然感受到作品的深意啊！

10

威士忌餐搭&
咖啡餐搭美學

這章我們聊…
Let's Talk About...

加乘飲食樂趣的威士忌喝法

設計咖啡餐搭的三大重點

適合餐搭的選豆和處理手法

10.1 威士忌餐搭的美味技巧

STEVEN：我和James都在自己的領域長期推廣餐搭概念，因為這是世界趨勢，也代表了各國的飲食特色。不同國家地區的餐搭概念都不一樣，會因為當地的飲食習慣、人、食材屬性而隨之調整，非常有意思，我覺得餐搭時有兩種味道很重要，就是甜味還有酸味。歐洲國家的食物相對來說，其中的甜味不會過份強大，所以我們會發現這些年全球流行的葡萄酒都是所謂的「Dry Wine」，就是完全發酵、不甜的紅酒，決定一個時代的葡萄酒風格跟食物的搭配是相關聯的。

在古早時代的歐洲，最高級最頂尖的葡萄酒都屬於甜酒，像是貴腐酒、拓凱酒，甚至早期很多葡萄酒的製作都有糖分，有些是沒有完全發酵、選擇保留殘糖，有些是加入烈酒停止發酵以保留甜味，有些則會加一些香料的味道或直接添加糖，甚至在葡萄汁中添加烈酒，喝起來也是甜甜的，和現今流行的Dry Wine，也就是干紅，完全不同！

其實歐洲國家開始流行喝不甜的紅白葡萄酒時間已經非常長，因為餐搭需求的緣故，酒類風格多半會跟那塊土地的飲食文化彼此呼應，食物風味也慢

慢地與葡萄酒的風味融合在一起了。如果我們拿太甜的酒去搭配食物，甜味會壓掉食物的氣味，而歐洲的料理，多半重視食材原味的展現，同時也會思考葡萄酒的搭配，除了少數特別的菜色之外。像我自己吃法國菜，我很喜歡的鴨肝或鵝肝就適合搭很甜的酒，鵝肝它飽滿又濃郁的味道搭配貴腐甜酒是絕配；還有Blue cheese，鹹鹹的藍乳酪那又濃又臭的奶味配上甜白酒實在是太棒了。除此之外，大部分講究原味的歐洲食物其實不太適合配太甜的飲品。一般來說，葡萄酒中的甜味如果表現過度，就不建議與注重原味的食物搭配在一起。

講到甜味，我覺得亞洲流行起威士忌這件事情是其來有自，許多經典的台菜、中菜都加了醬油，或是添加大量辛香料，有些菜色更是花了長時間進行燉煮。這些被重度調味或料理的食物，本身帶著複雜和濃郁的口感，反而非常適合與適當的甜味相輔相成。我在2010年出版《烈酒餐搭》的書，試了伏特加、琴酒、蘭姆酒、白蘭地、威士忌、龍舌蘭這些烈酒，選了十幾家好餐廳，搭了十幾種不同風格的菜色，認真寫書的那3個月，我不只胖了十幾公斤，還發現有些酒出乎意料地非常適合搭餐。猜猜看在我試過的6大基酒中，哪種烈酒最適合餐搭？哪種烈酒最適合搭台菜和中菜？像滷肉飯、東坡肉啦，甚至醬肉燒餅、客家小炒、麻辣鍋…等這些標準的台灣味，菜色中加入一堆蔥薑蒜辛香料跟醬油味的菜色。

寫完那本書，我發現烈酒餐搭的第一名是白蘭地，第二名蘭姆酒，兩者竟然皆是略帶甜味和甜感的酒，它們和強烈辛香料味道、厚重醬油味之類的菜色融合得恰到好處。其中，廣東菜與白蘭地又特別合拍，這或許是為什麼早些年香港市場白蘭地賣得超好的原因，白蘭地在應酬場合、吃飯場合裡特別受歡迎，我覺得不只是喝起來香甜順口而已，餐搭一絕也是重要關鍵。因為白蘭地中的甜感完全跟台菜、中菜融合在一起，所以「甜」是一件很重要的事。有一次，我們全家去吃麻辣鍋，一般來說為了配合老婆，我們吃麻辣鍋都會帶香檳，略帶微甜的氣泡酒或香檳都很適合搭配麻辣鍋，除了甜感，香檳中的氣泡也讓口腔有一種舒緩的感受。不過那一次我幫自己帶了一罐神物——薑汁汽水，我用薑汁汽水調配干邑白蘭地、歐洲橡木的雪莉桶威士忌，結果超搭麻辣鍋！雪莉桶熟成後的辛香料感，調上薑汁汽水那渾厚的薑味，剛好薑味也是所謂的辛香料味，而且薑汁汽水還略帶甜味，配起來超棒、超滿足！以亞洲國家來說，印度威士忌、美國裸麥威士忌Rye Whiskey也都有細緻的辛香料味，如果它們加點冰塊或薑汁汽水一定更適合搭餐。若是純

飲，它們都自帶辛香料味，美國威士忌中偏甜的口感跟裸麥威士忌豐富的辛香料味，搭起來肯定讚。

這些年來，市場上消費者普遍流行喝蘇格蘭威士忌，早年在酒吧流行的波本威士忌就被忽視了，那時在酒吧喝威士忌加可樂（Whiskey Coke）大多數是用美國波本威士忌，或許可以把可樂換成薑汁汽水、波本威士忌換成裸麥威士忌，Rye Whiskey配上Ginger Ale試試看，而且我覺得不只麻辣鍋，這個組合和應該和很多台菜都超級好搭，包括略帶辛香料氣味的印度威士忌，我都覺得都會非常合拍。

特別適合亞洲飲食習慣的調和威士忌

　　另一種餐搭的觀念，是從威士忌本身好不好相處來決定。像單一麥芽威士忌提供的是酒廠精神，它的個性強烈、風味鮮明，以人譬論，就像是個性明確且自我風格獨特的人，多半可遠觀不可褻玩焉，遠遠地欣賞覺得這個人很棒，但靠近他之後，可能發現他多半活在自己的世界裡而很難相處。想交朋友的話，或許找個比較有親和力、個性隨和，整體來說較好相處的人，若以威士忌來比喻，調和威士忌就是好相處的威士忌。調和威士忌從一開始的品牌設定，就是希望能滿足大部分消費者的喜好，屬於個性好相處的威士忌，也因為它人人好，跟食物也比較容易搭配。

　　所以，除了少數被稱為「泥煤狂人」的朋友無泥煤不歡之外，我一般不太建議朋友拿Ardbeg雅柏、重泥煤味的威士忌去搭餐，因為個性過份強烈的威士忌適合站在聚光燈下當主角，不習慣當陪襯角色。當然，這樣特殊風味的威士忌也有可能與生蠔或蚵仔麵線相遇，有時不小心碰撞出美妙火花，但就日常吃飯場合而言，我個人還是建議大家帶瓶調和威士忌搭餐比較好，因為調和威士忌風味相對來說柔順細緻，個性沒那麼強烈，比較不會跟食物爭艷。如果你帶的威士忌剛好個性強烈，不妨嘗試加入神物——薑汁汽水，或是沒有甜味的蘇打水，在威士忌中加入這些軟性飲料就能緩和威士忌的個性，Ginger Ale本身帶點薑味和甜感，與威士忌或白蘭地調在一起搭餐都很讚。我覺得以搭餐來說，印度威士忌、美國裸麥威士忌、調和威士忌這三種都是值得嘗試看看的威士忌種類。

　　相較於其他酒類來說，威士忌的酒精濃度和風味是強烈濃郁的，拿重口味的威士忌搭配口味重的食物是完全正確的，但有時候，威士忌太霸道的味

道還是會把食物的味道給碾爆。但是，通常我們吃飯，不會點滿一整桌子都是東坡肉、糖醋排骨、鹽焗雞⋯這些重口味的食物，還是會點一些像芹菜花枝，清炒水蓮之類的清爽菜色，所以不要太執著於威士忌純飲這件事，餐搭就該更自由自在，可以加水、加冰塊，添加軟性飲料、茶飲，都能夠增加餐搭的風味和樂趣。

我們平常在專業的威士忌酒吧喝威士忌，可能會嚴肅一點，就連想加顆冰塊，也小心謹慎地使用大冰塊、老冰、鑽石冰或是圓球冰，盡可能想減低冰塊的融水量，讓威士忌在冰鎮之餘，仍然可以讓風味維持在飽滿狀態，不會因為融水被稀釋掉了。但是和親友們吃飯時千萬不要太拘束，就讓威士忌稀釋吧，抓一把冰塊丟進杯子裡，甚至加點水喝，可能搭餐起來會是更適合的。像是日本人的「水割」喝法，就在威士忌中加了大量的水，也是因應日本食物的特色和飲食文化演化而來的呢！

適合餐搭的威士忌喝法

我自己有三家威士忌酒吧餐廳，每季推出新菜色時，我會跟侍酒師討論餐搭，店裡資深的侍酒師往往都是老饕等級，下意識地就用自己平時的習慣拿原桶強度的威士忌搭餐。威士忌餐搭算是一種新文化，過去人們在餐桌上喝的威士忌是拿來助興，而不是拿來「助菜」的，我們推廣威士忌餐酒搭主要是為了平常來用餐吃飯的人，並非純飲啊，所以形式不能相同。人們過去習慣以葡萄酒搭西餐或是清酒搭日本料理，葡萄酒和清酒都是十幾度的酒精濃度，當我們以50度、60度原桶強度的威士忌搭餐時，即使風味能匹配，但是過高的酒精濃度就將部分消費者拒於千里之外了。就我所知，大部分喝不出

威士忌美好的人，都是因為被擋在高酒精濃度的這面高牆之前。所以我建議侍酒師們，透過幾種方式調整威士忌，並且盡可能仍然保有威士忌的個性和風味：

第一個是降溫，像搭配甜點，我們曾經直接把整瓶威士忌丟到冷凍庫裡，倒出來之後成了凍飲，酒精味直接就不見了，留下濃稠的香味跟甜味，搭甜點或焦糖冰淇淋就很棒了，而且酒精感很低，非常親切。

第二種是加冰塊，加冰後溫度降低，跟凍飲有異曲同工之妙，將酒精味壓抑下來，並且在加冰塊的過程中進行攪拌，透過適當地融水，就像在威士忌中加少許水一樣，甜感自然提高，增加口感層次，有助於餐搭。

第三種是加高比例的水，像日本人用的水割法，直接加進三分之二的水，不過水的軟硬度不同，加水的比例也是不一樣的。有時候加太多水就泡水了，威士忌會變得不好喝，所以當你選定了一支威士忌來搭餐，要一點一點嘗試那支威士忌加水的比例，找到威士忌和水之間最平衡的臨界點，我稱它「甜蜜點」。一旦找到酒水比的甜蜜點時，香味跟口感層次才有最好的綻放，而酒精味卻能隱而不顯，那就是最好的加水比例。

第四種方式把威士忌做成Highball，其實就是雞尾酒的做法，添加軟性飲料做成氣泡飲。因為氣泡的關係，反而能把酒香逼出來，加上氣泡舒緩了高濃度酒精在口腔中的感受，很適合拿來搭食物。

最後一種是回歸本質，用聞香杯純飲，是威士忌與美食的直球對決。

威士忌餐搭可以混用上述幾種方式，讓威士忌除了展現原本的風味之外，還能以不同面貌來進行餐搭，享受不同的飲食樂趣。

以我個人而言，如果是日本料理，我會建議用清爽型的波本桶風味威士忌，像是格蘭冠10年搭配日料原味的魚生恰到好處。有一次我在自己店裡試菜，以格蘭冠10年加上大根（蘿蔔）風味，茶香帶著微發酵的酸味，一點點芥末感的威士忌雞尾酒，搭上白肉魚握壽司，入口後簡直是天堂。還有這幾年流行的韓國料理，泡菜味大多帶有酸、甜、辣感，還有醃漬成略帶點甜味的韓國烤肉，除了用地酒、燒酒來配之外，用清爽的調和威士忌加蘇打水做成Highball來搭也會很棒，我習慣用推廣Highball的祖師爺三得利角瓶來搭，很容易一杯接著一杯。

如果是吃廣東菜或是重口味的台菜，我多半會從自己的酒櫃找幾瓶雪莉桶風格的威士忌帶上桌，像是麥卡倫、亞伯樂、格蘭多納…等。除了純飲，加點冰塊，甚至準備幾瓶薑汁汽水，自己動手做簡單調飲，以不同角度體驗威士忌餐搭的樂趣。我很好奇，James你在推廣咖啡餐搭時，做過哪些有趣的實驗呢？●

10.2 咖啡餐搭的選豆及處理手法

JAMES：其實咖啡餐搭還是一個很新穎的觀念，在世界各地都很少見，Fika Fika Cafe在2016年就與牛排教父——鄧有葵合作舉辦咖啡搭餐的實驗性餐會，2017年我們又從東京邀請了很優秀的Chef，是一位專精於肉料理，人稱「肉料理魔術師」的清水將主廚，請他到我們烘豆廠，烹飪非常精緻的Fine Dining料理。我們設計出很特別的咖啡來搭配每道餐點，在當時是一個很實驗性的嘗試，因為傳統上人們習慣以酒搭餐，近年來興起Tea Pairing，以茶搭餐也有不少人喜歡，而咖啡搭餐仍相當少見。

設計咖啡餐搭的三大重點

我們當時做這個咖啡搭餐有得到一些反饋，第一個是大家普遍擔心咖啡因會影響睡眠，尤其是晚餐又較比接近就寢時間。為此，我們特別選擇合適的豆子或透過沖煮手法的控制讓咖啡因盡量下降，給用餐者喝的量也控制在一個程度內，比方說每道菜只搭配幾口的份量，不像一般喝咖啡是一大杯，降低用餐時累積的咖啡因攝取量，此外利用低咖啡因的豆子來設計飲品。

2018年於Fika Fika Cafe烘豆廠舉辦的實驗性餐會，東京Florilège主廚-川手寬康、台北Logy主廚-田原諒悟及副主廚-康仁維（現任高雄HAILI主廚）、台北MUME主廚-林泉，四位星級主廚夢幻聯手以咖啡入菜，精心設計Coffee Pairing的饗宴。

　　第二個是，搭餐的咖啡「溫度」宜冷不宜熱，在餐搭實務上，熱咖啡難以佐餐，只有少部分料理可以搭配熱咖啡，大多數餐點適合搭配常溫到冰飲溫度的咖啡，因此使用低溫的咖啡搭餐幾乎是必要的第一重點。我們習慣使用溫咖啡來取代熱咖啡，把咖啡降溫到大約40℃的微溫程度，或利用不同溫度的咖啡以達到不同類型的餐搭效果。例如我們做過「0℃咖啡」搭餐，一般來說0℃咖啡會結凍成固態，所以我們用俄羅斯伏特加替代水來萃取咖啡風味，以「酒萃」代替「水萃」，把咖啡風味溶進伏特加裡，再把酒萃的咖啡降溫至0℃，伏特加

的酒精濃度則會從40度下降到30多度，然後搭配咖啡漿果皮做成的Cascara果漿，如此就很適合拿來搭餐。

第三個我們常利用的一個手法是加入氣泡，加入氣泡有很多好處，除了讓口感更活潑以外，還可以把咖啡裡很多過於緊密的風味舒張開來，這個方式搭餐時非常好用。因為在一杯咖啡中，有些味道是擠在一起的，所以很難清楚辨認香氣，但氣泡把香氣分子打開了，辨識味道就變得容易許多。用氣泡水稀釋入口後，藉著二氧化碳協助，有的氣味會從鼻後嗅覺跑到鼻腔後端，有些咖啡風味比較細緻，帶有一些蜜香、花香味，此時就能藉由氣泡傳達到你的鼻腔，增加鼻後嗅覺的感受，一旦咖啡香氣上升到鼻後嗅覺的區塊，就比較不容易被食物給遮蓋掉。

STEVEN：這點我覺得和威士忌餐搭的觀念也很像，酒精就是最好的溶劑，威士忌的酒液中也儲存了很多風味。很多人會誤以為拿威士忌搭餐是直接邊吃邊喝，事實上不是的，我們是希望取出溶在酒裡面的風味來搭配料理。換言之，我們是確認了要拿來搭餐的威士忌之後，想辦法釋放它完整的風味，並壓抑部分的酒精味，就能避免干擾食物風味，讓原來存在威士忌中的美好風味跟食物產生共鳴，這才是主要的作用。包括溫度控制、加水稀釋，甚至是做雞尾酒的調配，像James你剛才說用一些方式轉變它的調性，讓它有不同形式和食物做搭配。其實，在葡萄酒的世界中也有類似的手法讓餐酒搭配臻至完美。

以前的人們會用香艾酒Vermouth來搭餐，香艾酒有分成「EXTRA DRY」、「BIANCO」、「ROSSO」，就是不甜的、白的或紅的葡萄酒，事實上義大利香艾酒就是在葡萄酒當中加入香草、香料，並且添加烈酒，這些酒帶著適當

的甜味，保存期限比一般的葡萄酒再長一點點，可以慢慢喝、慢慢品嚐，不需要一次喝完一整瓶，然後拿這些香艾酒來搭餐。一般拿來調製雞尾酒之王——馬丁尼的苦艾酒，就是EXTRA DRY不甜的香艾酒，它其實是一種餐酒，以前的人們很懂得在酒裡面加各種不同天然香草，而那些香草同時也出現在各種料理中，加上葡萄酒是用水果發酵製成，那種自然發酵的氣味天生就跟許多發酵食物能產生很好的共鳴。在過去環境衛生條件還沒那麼好的時代，酒精是拿來消毒環境、協助醫療或是風味保存的作用，但對餐酒搭配來說，酒精是保存風味的工具，並不是飲用目的。

如果我們面對酒類時不在意風味，純粹拿酒來助興，那麼我們喝的不是酒，而是酒精。當血液裡流淌著酒精，逞了一時的意氣風發或是紓壓解悶，卻沒有感受到食物風味跟酒類風味之間的對話時，我會覺得相當可惜。這些年來，除了茶或咖啡的餐搭，世界上許多新潮的餐廳、酒吧還流行Mocktail，就是無酒精調飲跟各種餐食的搭配，就越來越多人都開始認知到風味跟風味之間的對話是充滿樂趣的，這是令人開心的事情。●

適合餐搭的選豆和處理手法

JAMES：我也希望有越來越多人能體驗飲品餐搭的樂趣，尤其是咖啡！關於Coffee Pairing，我想再分享一下實驗經驗和心得。我嘗試過不同菜式的咖啡餐搭，相對來說，西餐是比較容易搭配咖啡的，像是傳統法餐裡常見到各種醬汁、奶油的使用，會針對醬汁與食材風味去設計能對應的咖啡風味，例如奶醬可以搭配Fika Fika Cafe為了加奶專門設計和烘焙的咖啡配方豆「卡布里布里」，讓奶香與咖啡香在口中融合成豐富協調的美味。咖啡和義

大利菜、西班牙菜與日本料理也很好搭配，因為這幾類菜式都強調呈現食材原味，建議選用溫柔的拉丁美洲水洗處理咖啡豆，或蜜處理咖啡豆作為佐餐搭配，因為這兩款豆子的口感甜美、風味較為平衡。

咖啡一般給人強烈、明顯香氣的既定印象，但實際上，咖啡豆本身的氣味並不是太強，和純飲咖啡相比，拿咖啡搭餐能特別發現反差。一般我們喝咖啡時會覺得很濃，像Espresso在味覺感官上是濃郁的，但拿它和食物一起搭配時，你就會發現 Espresso 竟然會被食物味道壓過、蓋掉。打個比方，我們以前實驗過，用很濃的濃縮咖啡來做醬油，因為Espresso可用特定方式進行沖煮，讓煮出來的咖啡帶有醬油般的錯覺，它喝起來是鹹的喔，而且有旨味（鮮味），一入口就讓人聯想到「這是醬油！」所以我們就實驗看看，煮了一盤水餃，用特製的極濃縮Espresso做沾醬，還滴幾滴香油。結果我們很失望地發現，極濃縮Espresso跟食物搭配後變得幾乎沒有味道，明明直接喝的味道是很濃很鹹的，可是拿來沾水餃卻沒有味道！

所以實驗咖啡搭餐，其實不只要加鹽，還要加很多東西才能拿來搭配食物，就算是在你過往品飲經驗中覺得很濃的咖啡，當它遇到食物時，味道變薄弱的機率還是非常高。咖啡本身有苦味、甘味，但如果沒有其他足夠強度的風味和食物彼此支撐或進行對話，就做不出好的搭餐咖啡了。總而言之，設計搭餐咖啡並不容易。假如是中華料理或台式料理，它們有很多的調味選項，例如放了醬油膏、烏醋，然後可能再加上油炸工序…等，整體料理味道變得更複雜，更別提麻辣鍋或川菜了，如果你吃了幾口麻辣鍋再喝咖啡，基本上是喝不出味道的。

如果想把比較重口味或較油膩的食物做咖啡餐搭的話，我發現有種類型的

咖啡可以搭配，就是北歐式快火烘焙的極淺焙，它是淺焙的果香系咖啡。最好的例子就是來自東非的肯亞豆，肯亞咖啡裡面有很多的糖分，進行快火北歐式焙炒之後會呈現一種很爽朗迷人的黑糖氣息，而且最重要的是會出現像是爽口的梅子或漿果的風味，餘味類似茶的單寧感，有解膩的感覺。吃了油膩食物後，再喝一口北歐式極淺焙肯亞咖啡的話，就能化解嘴巴裡的醬油味這類偏重度的調味，又或是油炸類食物遮蔽味蕾的膩口感受，都能被北歐式極淺焙肯亞咖啡給洗刷掉。

所以，後來實驗搭餐咖啡時只要遇到油膩食物，我會優先選用非洲豆，而非洲豆效果最好的就屬肯亞咖啡，而且是水洗處理的肯亞，或像尚比亞、烏干達、水洗伊索比亞⋯等餐搭效果也很好；除了選豆，更重要的是烘焙技術與手法，刻意短時間快炒的北歐式極淺烘焙才能去油解膩。但是這樣的咖啡跟食物氣味相比，強度還是稍微弱了一點，所以這種味道在用餐後能扮演一個洗滌口腔的角色，然後在鼻後嗅覺產生出香氣，是這樣的效果。●

STEVEN：如果連非洲豆都不能解決的話，那就交給威士忌好了！●

JAMES：哈哈，的確！我還想到有一款很適合餐搭的豆子，就是印尼蘇門答臘島的濕剝法半洗處理咖啡，大家通稱它「曼特寧」。曼特寧有很強烈的香料味、紅木家具的氣息，有些曼特寧還帶有很濃重的大地、土壤（Earthy）的氣味，屬於味道很厚重的咖啡。我也常用曼特寧來調配一種古老的咖啡配方再用來餐搭，這是地球上歷史最悠久的古老咖啡配方——摩卡爪哇（Mocha Java），就是把所謂的「摩卡系咖啡」跟「爪哇系咖啡」以一比一的方式或其他比例加以混合。爪哇系咖啡是以曼特寧咖啡作為代表，然

後摩卡系泛指非洲葉門、衣索比亞一帶的豆子，例如來自葉門日曬摩卡、衣索比亞西達摩、耶加雪菲…等。最大的重點是，通常選用日曬處理的豆子較合適，因為日曬處理咖啡會帶有一股酒酵般的氣味，再來會有果乾氣味，或是藍莓乾、藍莓果醬的味道，它和很濃重的香料味、甚至是有點中藥氣息的Java系咖啡，兩個完美搭配、相得益彰，可以沖淡曼特寧特有的土壤、大地（Earthy）味道，多增加一些鼻後嗅覺的水果類氣息。水果類氣息就是明顯的果醬味道，或是新鮮熱帶水果的香氣，這個搭配會非常好。

摩卡爪哇（Mocha Java）這類配方的咖啡，特別適合重口味的餐搭類型，比

「曼特寧」是來自印尼蘇門答臘島的濕剝法半洗處理咖啡，具有強烈的香料味、土壤味、紅木氣息。

如蕈菇類或起司類料理，它們的味道都比較濃、比較厚重。如果整道料理香氣不是很張揚的話，使用低層氣味的食材搭配Mocha Java這類咖啡會非常適合，跟肯亞那種 High-key的風味是完全不同的餐搭邏輯喔。

設計搭餐咖啡時，除了選擇合適的豆款，我還會刻意減少糖的使用。因為咖啡一旦加太多糖的話，使得餘韻多出一個酸感，這時因為糖進入口腔和唾液混合後會產生酸味，那種酸味會突顯咖啡原有的酸，造成咖啡喝起來更酸的錯覺。所以一般來說，餐搭用的咖啡只會加少量糖或完全不加，我也會利用其他有甜味的物質來取代，技巧性地運用「有甜味的聯想」，比如有時加水果、天然香料。至於剛剛說的東非肯亞咖啡，它本身就帶有一種甜味，讓品飲者出現這款咖啡帶甜味的錯覺，但其實裡面沒有加糖，是因為它特有的肯亞式水洗處理，使得生豆本身含糖量變得較高，入口時有種甘甜感，但跟加糖咖啡喝起來是完全不一樣的。

目前為止，做了好幾場咖啡餐會，仍覺得餐搭非常有意思，因為它是還沒有很多人研究的新領域，所以每次都有新挑戰、新發現，未來很期待透過我的實驗廚房邀請更多不同領域的料理人，共同推廣咖啡餐搭美學！◉

咖啡威士忌大師課

從製程、風味、調飲到餐搭，
烘豆冠軍與執杯大師對談10講

合著	林一峰 Steven LIN、陳志煌 James CHEN（部分圖片提供）
特約攝影	陳家偉、李正崗
美術設計	TODAY STUDIO
責任編輯	蕭歆儀
總編輯	林麗文
副總編輯	梁淑玲、黃佳燕
主編	高佩琳、賴秉薇、蕭歆儀
行銷總監	祝子慧
行銷企劃	林彥伶、朱妍靜
出版	幸福文化／遠足文化事業股份有限公司
發行	遠足文化事業股份有限公司（讀書共和國出版集團）
地址	231新北市新店區民權路108之2號9樓
郵撥帳號	19504465 遠足文化事業股份有限公司
電話	(02) 2218-1417
信箱	service@bookrep.com.tw

法律顧問	華洋法律事務所 蘇文生律師
印製	凱林彩印股份有限公司
出版日期	西元2023年9月 初版一刷
定價	620元

ISBN 9786267311608　　書號 1KSA0022
ISBN 9786267311653（PDF）
ISBN 9786267311660（EPUB）

> **★特別聲明**
> 有關本書中的言論內容，不代表本公司／出版集團的立場及意見，文責由作者自行承擔。

特別感謝：南投酒廠協助拍攝本書部分內容

國家圖書館出版品預行編目（CIP）資料

咖啡威士忌大師課：從製程、風味、調飲到餐搭，烘豆冠軍與執杯大師對談10講／林一峰 Steven LIN、陳志煌 James CHEN 合著. -- 初版. -- 新北市：幸福文化出版社出版：遠足文化事業股份有限公司發行，2023.09　286面；17×23公分　ISBN 978-626-7311-60-8（平裝）

1.CST：飲料 2.CST：咖啡 3.CST：威士忌酒

427.4　　　　　　　　　　　　　　　　　　　　　112013247

Coffee

&

Whisky